경이로운 수 이야기

Null, unendlich und die wilde 13

경이로운 **수** 이야기

알브레히트 보이텔슈파허 지음
전대호 옮김

영, 무한, 공포의13

해리북스

일러두기
- 각주는 모두 옮긴이 주이다.

서문

수는 일찍이 3만 년 전에 아마도 실용적인 이유에서 발명되었다. 당시 사람들이 여러 개의 금을 나란히 그은 것이 발견되었는데, 그 표시로 무언가의 개수를 센 것으로 보인다. 수의 사용은 질적이며 주관이 가미된 추정에서 양적이며 객관적인 확인으로의 이행을 대표한다. 수를 사용하면, 많으냐, 적으냐, 또는 같으냐에 대한 질문에 객관적으로, 따라서 "옳게" 대답할 수 있다. 맞선 두 사람의 지위, 권력, 명성에 휘둘림 없이 말이다.

　실용적 문제를 푸는 데 사용된 것 말고도 수는 처음부터 세계에 대한 이해에서 결정적인 역할을 했다. 모든 문화들에서 다음과 같은 우주론적 질문이 제기되었다. "해와 달과 별들은 왜, 어떻게, 어떤 규칙에 따라 움직일까?" 이 질문은 수많은 신화에서 다뤄졌지만 또한 과학적으로 탐구되기도 했다. 이를 위해 사람들은 관찰 결과를 수의 형태로 표에 기록했고 거기에 기초하여 예측을 내놓았다. 과학적 천문학은 관찰 결과를 기록하려는 노력에서 시작되었다. 이와 관련해서 메소포타미아 수학자들은 기원전 셋째 천년기부터 획기적인 성과들을 이뤄냈다.

기원전 6세기의 피타고라스주의자들은 수에 새로운 의미를 부여했다. 당시 과학에서 핵심 질문은 존재의 근본 이유에 대한 질문, 무엇이 세계를 가능하게 하고 살아 있게 하는가, 라는 질문이었다. 온갖 대답들이 제시되었는데, 피타고라스(기원전 약 570년~510년 이후)의 대답은 명쾌했다. 즉, 존재의 근본 기반은 수라는 것이었다. 이 대답의 의미는 우리가 세계의 현상들에서 수를 발견한다는 것, 그리고 수를 가지고 세계를 기술할 수 있다는 것에 그치지 않았다. 오히려 무엇보다도 중요한 취지는 세계의 운행의 바탕에 수가 깔려 있다는 것, 세계의 구조가 수로 이루어져 있다는 것, 수가 없으면 원리적으로 세계가 작동할 수 없다는 것이었다.

지금까지의 이야기를 이렇게 요약할 수 있다. 수는 전반적으로 중대한 의미를 지녔다. 수는 세계를 여는 열쇠다.

수 전체에 타당한 이야기는 개별 수들에도 타당할 수 있을 것이다. 적어도 그러하리라 예상할 만하다. 따라서 이 책이 제기하는 질문은 이것이다. 개별적인 수들에 특별한 의미가 있을까? 더 일반적으로 질문하면 이러하다. 모든 수 각각에 고유한 의미가 있을까? 모든 수 각각에 말하자면 개별적 특징이 있을까? 모든 수 각각이 세계의 한 부분을 여는 열쇠일까?

두 가지 극단적인 대답이 가능하다. 첫째 대답은 이것이다. '이 수나 저 수나 마찬가지다. 어떤 수도 다른 수들과 달리 독특하지 않다. 모든 수는 똑같이 흥미로우며, 따라서 개별적인 수는 흥미롭지 않다. 수는 오로지 수 집합으로서만 유의미하다.'

이 대답을 옹호하는 사람들의 정신적인 눈앞에 놓인 수들은 수직선상의 점들이다. 수들은 무한히 긴 진주목걸이의 진주들처럼 배열되어 있다. 이 관점에서 보면, "수를 셀 때 어떤 수부터 세어야 할까?" 혹은 "어느 방향으로 세어야 할까?" 같은 질문은 아무 의미가 없다. 왜냐하면 수들은 다 비슷비슷하기 때문이다. 수의 이름도 수의 본질과 아무 상관 없는 피상적 표시에 불과하다.

둘째 대답은 첫째 대답의 정반대다. '모든 수 각각은 특별하다. 어떤 수도 다른 수와 유사하지 않으며, 모든 수 각각이 고유한 특징을 지녔다.' 때때로 수학자들은 모든 수는 흥미롭다고 주장함으로써 이 관점을 두둔한다. 심지어 그들은 그 주장을 다음과 같이 "증명"할 수 있다. 흥미롭지 않은 수들이 있다고 가정해보자. 그러면 흥미롭지 않은 수들 가운데 가장 작은 수가 존재할 것이다. 그런데 그 수는 확실히 매우 흥미롭다. 왜냐하면 흥미롭지 않은 수들 가운데 '가장 작은' 수이니까 말이다. 따라서 그 수는 흥미롭지 않은 수들의 집합에서 제거해야 한다. 그러면 나머지 수들의 집합에서 다시 가장 작은 수가 존재할 것이다. 그런데 그 수도 확실히 매우 흥미롭다. 이런 식으로 논증을 계속 진행하면 흥미롭지 않은 수들의 집합에 속한 모든 수 각각이 매우 흥미롭다는 결론이 나온다.

나는 둘째 대답을 옹호하는 편이다. 하지만 정확히 말하면, 다음과 같은 약화된 형태의 대답을 옹호한다. '아마도 모든 수 각각이 흥미롭지는 않을 것이다. 그러나 많은 수는 독특한 특징을 지녔고, 그런 독특한 수는 작은 수들 가운데 특히 많다.' 다양한 수들이 서로 다른 특징을 지녔다는 점은 대번에 눈에 띈다. 6, 7, 8을 생각해보라. '이 수들은 호텔의 객실 번호처럼 차례로 이어진다'라는 것 외에 더는 할 말이 없을까? 당신은 이 수들 중 하나에 대해 타당하면서 나머지 두 수에 대해서는 타당하지 않은 진술들을 할 수 있을 것이다.

무엇이 한 수를 흥미롭게 만들까? 당연히 그 수의 수학적 속성들이다. 그러나 그 수에 얽힌 사연, 이를테면 사람들이 그 수를 받아들이기까지의 역사도 그 수를 흥미롭게 만든다. 이 책은 이 두 측면을 모두 다룰 것이며 또한 그 측면들의 상호 관련성에 관한 질문도 제기할 것이다. 예컨대 이렇게 물을 수 있다. '한 수의 수학적 속성들을 통하여 그 수의 문화사적 의미나 일상적 쓰임새를 설명할 수 있을까?'

한 수의 수학적 속성들에 관한 질문은 이런 식이다. '이 수는 많은 수들로 나누어떨어지는가, 아니면 소수(素數)인가? 제곱수인

가? 다른 수들과 어떤 관련이 있는가? 무리수인가?'

수들의 수학 외적인 속성에 관해서는 예컨대 이런 질문을 던질 수 있다. '동화에 자주 나오는 수, 종교에서 등장하는 수, 자연에서 관찰되는 수는 무엇인가?' 또한 이 질문도 흥미롭다. '수학뿐 아니라 수학자도 다루는 이야기에서는 어떤 수들이 등장할까?'

* * *

이 책에 등장하는 모든 수 각각은 글 한 꼭지를 차지한다. 독자는 작은 수들(1, 2, 3, 그리고 0), 큰 수들(예컨대 이제껏 인간이 센 가장 큰 수), 그리고 $\sqrt{2}$ 나 원주율 π 같은 수들의 새로운 면모를 배우게 될 것이다.

이 수들 각각을 다루는 글의 길이는 거의 같다. 물론 몇몇 수에 관해서는 두꺼운 책을 쓸 수도 있겠지만(또한 실제로 그런 책들이 있지만) 말이다. 글 꼭지들을 어떤 순서로 읽어도 무방하다. 당신이 가장 좋아하는 수를 다루는 글부터 읽어도 좋고, 이 수에 대해서 무슨 이야깃거리가 있을까 의아한 그런 수에 관한 글부터 읽어도 좋다.

이 책을 읽기 위해 수학 지식은 필요하지 않다. 그러나 책을 읽는 동안에 당신은 수학에 아주 가까이 다가가게 될 것이며 어느 대목에서나 수학에 관한 지식을, 고통에 시달리지 않으면서 얻게 될 것이다. 다뤄지는 수와 어울릴 경우, 이진수, 삼각수, 완전수 등의 주제들이 논의될 것이며, 공 채워넣기, 파스칼 삼각형, 플라톤 입체, 무리수, 무한, 풀리지 않은 문제들도 거론될 것이다.

~~~~~~~~~~~

대다수의 글 꼭지에는 맨 끝의 "아랫줄" 밑에 추가 정보를 담은 "보충"이 덧붙어 있다. 내용은 해당 수에 관한 수학일 때도 있고 다른 것일 때도 있다.

지난 몇 년 동안 많은 사람들이 나를 개별 수들이나 수 전체에 대해서 숙고하고 강의하고 글을 쓰도록 격려했다. 그들에게 감사한다. 그들이 제공한 동기와 경험은 이 책을 위한 소중한 디딤돌이었다. 나는 그들의 제안 중 일부를 받아들였고, 일부를 확장했으며, 일부를 수정하고, 일부를 배제했다. 몇몇 제안은 내가 애타게 찾던 퍼즐 조각이었으며, 또 몇몇은 알고 보니 진짜 보석이었다.

이 책을 통하여 독자가 수의 세계를 환히 들여다보고, 수가 실재적 세계와 정신적 세계에 대한 우리의 이해에서 어떤 역할을 하는지를 적어도 사례들을 통해 알게 되기를 바란다.

차례

서문 5

· **1**   하나일 수밖에 없어 15

· **2**   차이를 만들어내는 수 20

· **3**   최초의 전체 26

· **4**   방향을 대표하는 수 32

· **5**   자연을 대표하는 수 37

· **6**   자연의 형태 43

· **7**   존재하지 않는 수 49

· **8**   타협 없는 아름다움 55

· **9**   따분한 수? 62

· **0**   무의 상징 69

· **10**   합리성을 대표하는 수 74

- **11**   은밀히 활동하는 수   79

- **12**   전체는 부분들의 합보다 크다   86

- **13**   공포의 수   92

- **14**   B+A+C+H   98

- **17**   가우스 수   102

- **21**   토끼와 해바라기   107

- **23**   역설적인 생일의 수   113

- **42**   모든 질문의 답   119

- **60**   최선의 수   124

- **153**   물고기의 수   132

- **666**   동물의 수   136

- **1,001**   손에 땀을 쥐게 하는 수   140

- **1,679**   외계인 탐사를 상징하는 수   144

- **1,729**   라마누잔 수   149

- **65,537**   궤짝 안의 수   155

· **5,607,249** 　　　　　오팔카 수 162

· **$2^{67}-1$** 　　　　　　　말없이 166

· **-1** 　　　　　　터무니없는 수 170

· **2/3** 　　　　　　　분할된 수 176

· **3.125** 　　　간단하지만 천재적인 184

· **0.000···** 　　　　　　무의 숨결 190

· **$\sqrt{2}$** 　　　　　탁월한 무리수 196

· **$\sqrt[3]{2}$** 　　　정육면체 배가하기 202

· **φ** 　　　　　　　황금분할 209

· **π** 　　　　　비밀 많은 초월수 218

· **e** 　　　　　성장을 대표하는 수 229

· **i** 　　수학에 허구를 도입해도 될까? 239

· **∞** 　　　　　모든 것보다 더 큰 249

그림 출처 255

1

하나일 수밖에 없어

오랫동안 1은 수로 간주되지 않았다. 오히려 1은 "단위"로 간주되었고, 그 "단위"에서 모든 수가 나온다고 여겨졌다. 예컨대 유클리드의 견해가 그러했다. 그는 『기하학원본』(기원전 약 300년) 제7권의 첫머리에서 우선 "단위"의 개념을 정의하려 애쓴다. "모든 각각의 사물은 단위에 따라서 하나라고 불린다. 단위란 그런 것이다." 이어서 훨씬 더 풍부한 내용이 나온다. "수란 단위들로 이루어진 집합이다."

실제로 많은 문화에서 1은, 수를 통해서는 파악할 수 없는 특별한 무언가로 간주된다. 이집트에서 1은 창조신 프타Ptah의 것이며, 메소포타미아에서는 1이 아누Anu◆ 신과 동일시되었다. 일신교에서 1은 신의 유일성을 나타낸다.

◆ 바빌로니아의 최고신.

유대교-기독교의 신은 첫째 계명에서 이렇게 명령한다. "나는 너의 주, 너의 신이다. 너는 나 외에 다른 신을 섬기지 말아라."『코란』은 알라에 대하여 이렇게 말한다. "그는 신이며, 그 외에는 어떤 신도 없다."

실제로 1은 기반의 구실을 한다. 예컨대 개수 세기는 1부터 시작된다. 1은 첫째 수이며, 어쩌면 유일한 수라고 해도 과언이 아니다. 왜냐하면 다른 모든 수가―유클리드가 말한 그대로―1로 구성되어 있으니까 말이다. 그러니 1이 가장 중요한 수라는 점만큼은 확실하다. 1의 입장에서 보면, 모든 수 각각은 1 자신을 모아놓은 것일 따름이다. 5는 1+1+1+1+1이다. 따라서 5는 다섯 개의 1로 이루어졌다. 마찬가지로 12는 열두 개의 1로 구성되어 있고, 1조는 1을 일조 개 모아놓은 합이다.

그러므로 1은 최소한 유일무이한 특별함을 지녔다. 어떤 수를 반복 덧셈하여 모든 자연수를 만들어낼 수 있을까? 그런 수는 1밖에 없다. 2를 반복 덧셈하면 짝수들만 나오고, 3을 반복 덧셈하면 3으로 나누어떨어지는 수들만 나오고, 등등이다. 오로지 1을 반복 덧셈해야 모든 자연수를 얻을 수 있다. 1의 입장에서 보면, 다른 수들이 원천적으로 존재해야 할 필요는 전혀 없다.

자연수를 1들의 합으로 나타낼 수 있다는 말은, 금들을 나란히 그어서 자연수를 나타내는 방법을 수학의 용어로 설명한 것에 불과하다. 그 방법은 최초의 수 표현법으로 전해온다. 이미 3만 년 전에 사람들은 뼈에 눈금을 새겨 수를 표기했다. 체코의 돌니 베스토니체Dolní Věstonice에서 발견된 "늑대 뼈"가 유명하다. 매머드를 사냥한 사람들의 거처에서 나온 그 유물에는 25와 30이 매우 규칙적인 금들로 표시되어 있다. 그러나 왜 그 수들을 그렇게 공들여 표기했는지, 과연 무엇을 세었던 것인지는 알려져 있지 않다.

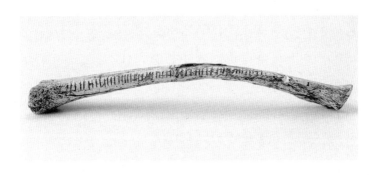

오늘날 1은 당연히 수로 간주된다. 1은 개수 세기의 출발점인 수다. 1은 수들의 시초이며, 어떤 의미에서 최초의 수다. 최초는 아주 특별하다. 어떤 사건이 최초로 일어나면, 그 사건에는 말하자면 "1"이라는 도장이 찍힌다. 그 도장은 영원히 지워지지 않는다. 예컨대 빌헬름 콘라트 뢴트겐이 1895년 11월 8일 저녁에 뷔르츠부르크 대학교 물리학 연구소에서 "새로운 유형의 복사"를 발견한 사건이 그러했다. 또 다른 최초의 사건은 뉴질랜드 사람인 에드먼드 힐러리와 그의 셰르파 텐징 노르게이가 1953년 5월 29일에 세계 최고봉인 에베레스트산 꼭대기에 오른 것이다. 1969년 7월 21

일 새벽 2시 56분 15초(협정세계시)에 닐 암스트롱이 달 표면에 인간의 발자국을 찍은 것도 "1번" 사건이었다.

~~~~~~~~~~

1은 대단한 독보적 특징을 지녔다. 많은 수들을 살펴보면, 예컨대 유럽 강들의 길이나 최초의 소수 1,000개나 신문 1면에 나오는 수들을 살펴보면 그 특징을 확인할 수 있다. 그 많은 수들 중에서 맨 앞 숫자가 1인 수는 몇 개일까? 맨 앞 숫자가 2인 수는 몇 개일까? 또 맨 앞 숫자가 9인 수는 몇 개일까? 대다수 사람들은 맨 앞 숫자들의 빈도가 공평하다고, 바꿔 말해 1로 시작하는 수의 비율과 2로 시작하는 수의 비율 등이 모두 11퍼센트 정도라고 짐작할 것이다.

그러나 그 짐작은 틀렸다. 모든 수의 30퍼센트 이상은 1로 시작한다. 2로 시작하는 수의 비율은 17퍼센트, 9로 시작하는 수의 비율은 고작 4.6퍼센트다. 이 현상은 "벤포드의 역설"로 불리는데, 물리학자 프랭크 벤포드(1883-1948)는 1938년에 이 현상을 두 번째로 발견한 인물이다. 최초 발견은 1861년에 수학자 사이먼 뉴컴에 의해 이루어졌다.

벤포드는 로그표에서 그 현상을 발견했다. 로그표 책을 보니, 1로 시작하는 수들이 등재된 앞부분이 뒷부분보다 훨씬 더 많이 닳아 있었다. 오늘날에는 모든 컴퓨터 자판에서 1 버튼이 다른 숫자 버튼보다 더 빨리 마모될 것이다. 왜냐하면 그 버튼이 훨씬 더 자주 사용되기 때문이다. 한 예로 독일에서 가장 큰 도시들의 인구수를 보면, 벤포드의 역설이 뚜렷이 나타난다. 맨 앞 숫자가 작은 인구수가 그렇지 않은 인구수보다 훨씬 더 흔하다.

인구수의 맨 앞 숫자	1	2	3	4	5	6	7	8	9
도시의 개수	340	320	133	87	50	24	20	12	12

설명은 간단명료하다. 인구가 10만 명에서 19만 9,999명인 도시는 많다(독일에 41개). 20만 명에서 29만 9,999명인 도시만 해도 벌써 줄어든다(독일에 17개). 30만에서 39만 9,999명인 도시는 더 적어서, 독일에는 딱 6개다.

2

차이를 만들어내는 수

1만 있다면 섭섭할 것이다. 그래서 1 다음에 2가 나온다.

하지만 유념하라. 2와 1의 관계는 하와와 아담의 관계와 같다. 하와는 그저 또 하나의 인간이었던 것이 아니라 아담과 전혀 달랐다. 하와가 등장하면서 모든 것이 달라졌다.

2는 두 번째 1이 아니다. 2는 1보다 클 뿐 아니라, 1과 전혀 다르다. 2가 등장하면, 모든 것이 달라진다.

사람들이 언제 어떻게 처음으로 2를 세었는지 확실히 알 길은 없다. 어쩌면 걸어가면서 노래를 불러, 왼 걸음과 오른 걸음에 두 가지 음을 대응시킨 것이 처음이었을지도 모른다. 혹은 아기를 재우기 위해 요람을 흔들면서 미는 동작과 당기는 동작에 고유한 입 소리를 대응시킨 것이 처음이었을 수도 있다.

아무튼 서로 다른 두 가지 상태에 대한 무의식적 지각이 어느 순간엔가 의식화되었던 것이 틀림없다. 사람들은 왼쪽과 오른쪽을 명확히 깨달았고 위와 아래를 구별했으며 앞과 뒤를 서로 다른 두 방향으로 지각했다. 그리하여 2가 태어났다.

처음에 2는 수가 아니었으며 개수 세기의 출발점도 아니었다. 오히려 2는 복수(複數)의 특별한 형태인 "쌍수Dual"였다. 쌍수 명사는 두 대상을 가리키는데, 임의의 두 대상이 아니라 서로 관련 맺은 두 대상을 가리킨다. 독일어에서는 이 옛날의 명사 형태가 "양(兩)beide"이라는 단어에 여전히 흔적으로 남아 있다. 우리는 양면beide Seite을 고려해야 하며 양다리로 서서 살아간다.

이런 경험들이 기반이 되어 어느 순간엔가 수 2가 발생했다. 그 발생의 초기 단계 하나는 인간이 세계를 자신과 분리된 무언가로, 자신과 다른 무언가로 의식하게 된 것일지도 모른다.

그렇다면 '2를 말할 수 있음'은 '나와 세계를 구별할 수 있음'을 뜻한다. 바꿔 말하면, '세계를 나와 별개인 무언가, 나와 다른 무언가, 심지어 낯선 무언가로 바라볼 수 있음'을 뜻한다. 세계가 작으냐 크냐, 친숙하냐 으스스하냐, 편안하냐 팍팍하냐는 중요하지 않다. 어쨌든 세계는 나와 다른 무언가다. 나 외에 추가로 다른 무언가가 존재한다. 그것이 제2의 무언가다.

요컨대, 2는 명확한 구별을 대표하는 수다.

'2를 셀 수 있음'은 모든 대상, 모든 현상에 대해서 이렇게 물을 수 있음을 뜻한다. '이것이 딱 한 번만 있을까, 아니면 한 번 더 있을까?' 우리는 몸에서 두 개의 눈, 두 개의 손, 두 개의 발을 발견한다. 우리는 달걀 두 개처럼 닮은 쌍둥이를 보고, 거울에 비친 자신의 얼굴을 알아보며, 서로 끌어안음으로써 각각 분리될 수 없음을 보여주는 연인들을 흐뭇하게 바라본다.

양손이 서로의 짝꿍이라는 점은 대칭을 통해 드러난다. 왼손은 오른손의 거울상과 모양이 같다. 그렇게 원상과 거울상이 통일된 전체를 이룬다. 양손은 대칭을 통해 구별되는 동시에 연결된다. 실제로 대칭은 두 대상을 매우 밀접하게 관련짓는다. 우리는 회화에서 같음이나 유사함, 혹은 특히 긴밀한 관련을 나타내고자 할 때 대칭을 이용한다. 실제로 전혀 다르거나 그렇게 보이는 두 인물을 대칭적 배치를 통해 밀접하게 관련지을 수 있다. '막스와 모리츠 Max und Moritz'◆나 '로럴과 하디Laurel and Hardy'◆◆ 혹은 결혼식 사진들을 생각해보라. 사진 속의 신랑과 신부는 조화로운 대칭을 이루며 통일되어 있다.

요컨대, 2는 대칭을 대표하는 수다.

그러므로 "2를 생각할 수 있음"은 모든 현상에 대해서 이렇게

◆ 1865년에 처음 출판된 동명의 독일 그림책의 두 주인공.
◆◆ 무성영화 시대 미국의 유명 코미디언 콤비.

물을 수 있음을 뜻한다. '이것의 반대 짝도 있을까?' 반대 짝들이 이룬 쌍의 예를 많이 댈 수 있다. 낮과 밤, 하늘과 땅, 북쪽과 남쪽, 동쪽과 서쪽, 플러스와 마이너스, 선과 악, 가난함과 부유함, 뜨거움과 차가움, 남자와 여자, 삶과 죽음.

우리는 구별하고 분할하기를 아주 좋아한다. 구별과 분할을 통하여 우리는 처음으로 전체를 조망하면서 통찰을 얻고 방향을 잡는다. 그렇게 확실성을 얻는다. 구별은 우리에게 이롭다. 구별하는 사람은 삶으로부터 더 많은 것을 얻어낸다.

요컨대, 2는 양극의 맞섬을 대표하는 수다.

수의 세계에 존재하는 근본적인 구별 하나는 일찍이 기원전 6세기의 피타고라스주의자들도 알았는데, 그것은 짝수와 홀수의 구별이다. 2로 나누어떨어지는 수는 짝수다. 그렇지 않은 수는 홀수라고 불린다. 당연한 얘기지만, 2는 모든 짝수의 원형(原型)이다. 또한 2는 소수이기도 하다. 2는 가장 작은 소수이며 유일하게 짝수인 소수이다.

피타고라스주의자들은 '짝수임'이라는 속성과 '홀수임'이라는 속성만 중시한 것이 아니라 그 두 속성들 사이의 관계들도 알아냈다(또한 증명했다!). 예컨대 "짝수 더하기 짝수는 짝수다" 또는 "홀수 더하기 홀수는 짝수다"가 그런 관계다.

여담을 하나 보태자면, 피타고라스주의자들에게 2는 여성적인 수, (그들이 첫째 홀수로 간주한) 3은 남성적인 수였다.

2는 이진법의 기반이며, 이진법은 컴퓨터가 하는 계산의 기반이다. 이진법은 숫자를 0과 1, 단 두 개만 사용한다. 이 두 개의 숫자로 수를 표기하는데, 그렇게 표기된 수, 곧 이진수에서 맨 오른쪽에 놓인 숫자는 그 수에 1이 들어 있는지 여부를 알려준다. 그 왼쪽의 숫자는 2가 들어 있는지 여부를 알려준다. 오른쪽 끝에서 세 번째 숫자는 4가 들어 있는지 여부, 그 왼쪽의 숫자는 8이 들어 있는지 여부를 알려주며, 이런 식의 규칙성은 다음 숫자들에도 적용된다. 예컨대 이진수 1011을 오른쪽에서 왼쪽으로 읽으면서 이렇게 이해할 수 있다. 이 수는 1 한 개, 2 한 개, 4 영 개, 8 한 개로 이루어졌다. 즉, 이 수는 1+2+8=11과 같다.

~~~~~~~~~~

큰 집단보다 작은 집단을 지배하기가 더 쉽다는 것은 아주 오래된 상식이다. "분할해서 지배하라divide et impera"는 격언은 훨씬 더 나중에 나왔는데, 마키아벨리가 저작권자일 가능성이 있다.

이 원리의 정치적 적용은 비판받을 수도 있겠지만, 수학과 정보학에서 이 원리의 효용은 찬란하게 입증되었다.

카드 한 벌(총 32장의 카드)에서 당신이 속으로 선택한 카드 한 장을 내가 알아맞히려면, 나는 당신에게 예-아니요 질문을 몇 번 던져야 할까? 정답은 다섯 번이다. 이를테면 첫째 질문으로 이렇게 물을 수 있을 것이다. '검은색 카드입니까?' 당신이 '예'나 '아니요'로 대답하면, 정답일 가능성이 있는 카드의 개수는 반으로 줄어든다. 대답이 '예'라면, 다음으로 이렇게 물을 수 있다. '스페이드인가요?' 당신이 대답하면, 정답일 가능성이 있는 카드의 개수가 또 한 번 반으로 줄어든다. 이런 식으로 다섯 번 질문을 던지면, $2 \cdot 2 \cdot 2 \cdot 2 \cdot 2 = 2^5 = 32$개의 가능성들을 구별할 수 있다. 아직은 대수롭지 않게 느껴진다. 하지만 이 문제를 보라. 지구에 사는 75억 명이상의 사람들 중에서 임의로 선택한 한 명을 알아맞히려면 얼마나 많은 예-아니요 질문이 필요할까? 정답은 33번이다. 왜냐하면 $2^{33} = 8,589,934,592$, 대략 86억이기 때문이다.

실제로 어떤 질문들을 던져야 하냐는 물음에도 수학자들은 아주 간단히 대답할 수 있다. 지구에 사는 모든 사람에게 1번부터 차례로 번호를 매긴다고 해보자. 그러면 그 마지막 번호는 80억보다 작을 것이다. 우리가 그 번호 각각을 이진수로 나타내면, 총 33개의 0들과 1들로 이루어진 수열을 얻게 된다. 따라서 우리는 그 수열의 각 자리(비트)에 어떤 숫자가 있는지를 차례로 물을 수 있다, 첫째 비트(이를테면, 맨 오른쪽 자리)는 1인가요? 둘째 비트는 1인가요? 이런 식으로 33개의 비트가 무엇인지 묻고 대답을 들으면, 한 번호를, 따라서 한 사람을 특정할 수 있다.

3

최초의 전체

3은 내적인 조화를 갖춘 첫 번째 수다. 1은 자신의 경계 너머를 내다보지 않고, 2는 폭발성을 내장한 혼합물인 반면, 3은 내적으로 평온하다.

기원전 6세기에 활동한 피타고라스주의자들에게 3은 "전체의 수"였다. 왜냐하면 시작, 중간, 끝이 전체를 이루기 때문이다. 이 특이한 정의와 상관없이, 피타고라스주의자들의 진술은 3에서 새 출발이 이루어진다는 점을 명확히 한다.

3은 2 다음에 나오는 수에 불과한 것이 아니다. 오히려 3은 수들의 새로운 성질 하나가 드러나는 출발점이다. 3은 결속, 맺음, 절정을 표현하는 최초의 수, 바꿔 말해 한층 높은 전체를 표현하는 최초의 수다. "셋까지도 세지 못하는" 사람은 확실히 그 층보다 아래에 있는 것이다.

삼각형의 세 각 중에서 특별히 중요한 각은 없다. 세 각은 경쟁하지 않고 다 함께 균형 잡힌 통일체를 이룬다.

음악에서 우리는 3화음의 마법을 거의 끊임없이 체험한다. 두 개의 음은 따분할 정도로 비슷하거나, 아니면 신경에 거슬릴 만큼 어긋난다. 그러나 3화음의 세 음은 서로를 보완하여 완벽한 화음을 만들어낸다.

셰익스피어의 『맥베스』에 등장하는 세 마녀를 생각하건, 모차르트의 「마술피리」에 나오는 세 아이를 생각하건, 바그너의 「니벨룽엔의 반지」에 나오는 라인강의 세 딸을 생각하건, 어느 경우에나 3은 통일성을 창출한다. 외톨이 인물은 개인의 성격을 띨 수밖에 없을 테고, 두 인물은 서로 맞서면서 보완하는 상보적 관계를 거의 자동적으로 이룰 테지만, 세 인물은 균형 잡힌 집단을 형성한다.

3이 그런 종결 기능을 강하게 지녔다는 점을 여러 방면에서 확인할 수 있다.

동화에서는 삼 형제, 세 가지 소원, 세 가지 시험이 등장한다. 그런데 대개 마지막에 공주와 결혼하는 주인공은 막냇동생, 가장 중요한 소원은 세 번째 소원, 가장 어려운 시험은 세 번째 시험이다.

독일어의 많은 관용적 표현에서도 3이 등장한다. "좋은 일은 늘 세 번째에 이루어져"라는 말은 우리에게 용기를 준다. 그러나 세 번째 시도에서도 실패하면, 우리는 홀홀 털고 깨끗하게 잊기 위해 "X표 세 개"를 긋는다. 경매에서 사회자는 최고 응찰가를 세 번 반복해서 알린 다음에 낙찰을 선언한다.

언어에서 3은 특별한 중요성을 획득했다. 두드러진 예로 형용사의 기본급, 비교급, 최상급이 있다. 예쁨, 더 예쁨, 가장 예쁨, 또는 좋음, 더 좋음, 가장 좋음을 생각해보라. 최상급, 곧 셋째 등급은 그보다 더 높은 등급이 없는 최고의 경지를 표현한다. 등급 상승이 발휘하는 호소력, 특히 셋째 등급의 호소력은 광고에서도 애용된다. "좋아요, 더 좋아요, 파울라너예요!"◆ "네모예요, 크기가 알맞아요, 좋아요."◆◆

괴테의 『파우스트』에 나오는 메피스토는 수사법에서 근본적으로 중요한 3의 규칙을 이렇게 제시했다. "당신은 그걸 세 번 말해야 해!" 실제로 세 번 거듭된 말은 특별한 설득력을 발휘한다. "그 여자는 할 수 있고, 실제로 해"라고 내가 말한다면, 객관적으로 흠잡을 것은 없다. 그러나 다음과 같이 말한다면 훨씬 더 큰 설득력이 있지 않겠는가? "그 여자는 할 수 있고, 할 줄 알고, 실제로 해." 이런 3회 반복 수법은 진술의 내용을 훨씬 능가하는 설득력을 발휘한다.

많은 회사나 정당의 알파벳 약자가 철자 3개로 이루어진 것도 아마 같은 이유에서일 것이다. ARD(독일 제1 공영 방송), BRD(독일 연방공화국), CDU(독일 기독교 민주당), SPD(독일 사회민주당), SAP(독일

◆ '파울라너Paulaner'는 독일 맥주.
◆◆ 유명한 초콜릿 광고 문구.

사회주의 노동자당), ZDF(독일 제2 공영 방송)를 생각해보라.

3회 반복 수법을 철학자 게오르크 프리드리히 헤겔(1770-1831) 만큼 확실하게 최고의 원리로 격상한 인물은 없다. 이미 고대에도 잘 알려져 있던 세 단계, 곧 "정립, 반정립, 종합"은 헤겔이 보기에 생각의 기본 법칙일 뿐 아니라 현실이 펼쳐지는 방식을 기술하는 기본 법칙이기도 하다. 정립과 반정립은 서로 맞선다. 그런데 헤겔이 말하는 종합은 양자를 중재하는 타협이 전혀 아니다. 오히려 그의 종합 안에는 정립과 반정립이 다음과 같은 세 가지 의미에서 "거둬져 있다." 즉, (a) 부정되어 있고, (b) 보존되어 있고, (c) 새로운 층으로 상승해 있다.

모든 종교에서 3은 중요한 역할을 한다. 그리스 신화에서 제우스, 포세이돈, 하데스는 인간들과 신들에 대한 지배권을 분점한다. 이와 유사하게 이집트 신화에서는 이시스, 오시리스, 호루스가 등장한다. 힌두교에서는 브라마, 비슈누, 시바가 등장한다.

기독교에서는 3의 통합력이 특별한 방식으로 표출된다. 성부, 성자, 성령은 이를테면 세계를 다스리는 세 명의 신이 아니다. 오히려 그 셋은 "하나"이며, 각각은 나머지 둘과 관련 맺음으로써 비로소 참된 정체성을 얻는다.

그러나 3은 설득력 있는 종결인 것에 못지않게 설레는 출발이기도 하다. "하나, 둘, 셋"이라고 말할 때, 우리는 "셋" 다음에 이어질 가운뎃점 세 개를 거의 늘 떠올린다. 그 점들은 숫자를 세는 과정이 계속 이어짐을 암시한다. 실제로 셋까지 셀 수 있다면, 수를 셀 수 있는 것이다. 수들이 한없이 이어지는 것을 생각하거나 상상하려 애쓰는 사람은 벌써 3에서 무한의 냄새를 맡는다.

~~~~~~~~~~

자연수의 속성들은 피타고라스학파에서 처음으로 탐구되었다. 피타고라스주의자들은 예컨대 제곱수의 개념을 도입했다. 제곱수란 돌멩이들을 정사각형으로 배치하려 할 때 필요한 돌멩이의 개수다. 마찬가지로 삼각수란 돌멩이나 점을 정삼각형으로 배치하려 할 때 필요한 개수다.

아래 그림은 가장 작은 삼각수들을 보여준다.

즉, 가장 작은 삼각수들은 1, 3, 6, 10, 15다. 삼각형으로 배치된 돌멩이의 개수를 위에서 아래로 한 행씩 세어가면, 삼각수는 1+2+3+… 형태의 합임을 깨닫게 된다. 예컨대 5개의 행으로 이루어진 삼각수는 1+2+3+4+5=15다. 일반적으로 n번째 삼각수는 처음 자연수 n개의 합, 곧 1+2+3+…+n과 같다.

여섯 번째 삼각수를 얻으려면, 다섯 번째 삼각수를 나타내는 삼각형의 아랫부분에 돌멩이 여섯 개로 된 행을 추가하기만 하면 된다. 즉, 여섯 번째 삼각수는 15+6=21이다. 마찬가지로 일곱 번째 삼각수는 21+7=28이다.

일반적으로 n번째 삼각수를 얻으려면, 바로 앞 삼각수를 나타내는 삼각형에 돌멩이 n개로 된 행을 추가하면 된다.

삼각수는 전혀 다른 맥락에서도 등장한다. 파티에 10명이 참석했는데, 모든 참석자가 서로 딱 한 번씩 건배한다면, 잔이 부딪치는 소리가 총 몇 번 날까? 참석자들이 한 명씩 차례로 파티장에 도착한다고 상상하면, 총 건배 회수를 쉽게 알아낼 수 있다. 처음에는 파티를 연 주인장만 있다. 그때 첫 손님이 도착하여 주인장과 건배한다(건배 1회) 곧이어 다음 손님이 도착하여 이미 있는 두 명과 건배한다(건배 2회). 이런 일이 계속 반복된다. 나중에 열 번째 손님은 이미 있는 아홉 명과 건배해야 한다. 따라서 그때까지의 총 건배 회수는 1+2+3+⋯+9, 곧 9번째 삼각수다. 일반적으로 "n명이 가능한 모든 방식으로 서로 건배하면, 총 건배 회수는 얼마일까?"라는 질문의 답은 "(n-1)번째 삼각수!"다.

마지막으로 한마디 보태면, 삼각수를 쉽게 계산하는 공식도 있다. n번째 삼각수는 $n(n+1)/2$와 같다. 예컨대 100번째 삼각수를 구하려면, 1, 2, 3,⋯, 100을 모두 합하는 대신 곱셈 한 번과 나눗셈 한 번만 하면 된다. 즉, 100번째 삼각수는 $100 \cdot 101/2 = 5{,}050$이다.

4

방향을 대표하는 수

1915년 12월 7일 상트페테르부르크에서 미래파 회화 전시회가 열렸을 때, 한 작품이 극단적인 급진성으로 주목받았다. 카지미르 말레비치의 「검은 사각형」이었다. 훗날 현대의 아이콘이 된 이 작품에는 제목대로 흰 바탕에 검은 사각형이 그려져 있다. 그 밖엔 아무것도 없다. 그 사각형은 아무것도 보여주지 않고, 아무것도 감추지 않으며, 아무것도 의미하지 않는다.

그것은 세계를 보여주는 미술에 대한 급진적 반발이다. 그 작품은 세계에 관하여 아무것도 보여주지 않는다. 인간도, 자연도, 종교도 볼 수 없다. 그 작품 속의 모든 것은 인간에 의해 만들어졌고, 사각형은 그 사실을 표현한다.

정사각형은 가장 단순한 기하학적 도형이다. 모든 것이 질서정연하다. 상, 하, 좌, 우. 정사각형은 수 4의 시각적 표현이다. 똑같은 변 4개, 똑같은 각 4개, 대칭축 4개. 정사각형은 우리 인간이 가장 쉽게 상상할 수 있는 도형이다. 우리는 네 방향을 틀로 삼아 주위 환경을 파악하곤 한다.

4는 우리의 방향 파악을 대표하는 수다. 우리는 4를 통해 방향을 잡는다. '방향 잡기'를 뜻하는 독일어 'Orientierung'(영어 orientation)은 '동쪽'을 뜻하는 라틴어 'oriens'에서 유래했다. 동쪽은 기준 방향이었다. 동쪽을 향해 서 있으면, 서쪽은 뒤쪽, 남쪽은 오른쪽, 북쪽은 왼쪽에 놓인다.

우리 인간이 시간 안에서 방향을 잡기 위해 도입한 구조들도 수 4를 틀로 삼는다. 우리는 한 해를 네 계절로 나눈다. 더 짧은 단위인 한 달도 네 주로 나뉘어 있다. 네 주는 눈에 잘 띄는 달의 모양(보름달, 하현달, 초승달, 상현달) 네 개와 관련이 있다. 현대의 올림픽은 4년 주기로 열린다.

적어도 고대 철학에서 (물리적) 세계의 운행은 네 가지 원소(혹은 힘)의 상호작용을 통해 설명되었다. 그것들은 물, 불, 흙, 공기다.

정사각형은 홀로일 때도 부족함이 없지만 다른 정사각형 동료들과 완벽하게 맞물려 더 큰 정사각형을 이루기를 좋아한다. 작은 정사각형 4개를 조립하여 큰 정사각형 하나를 만들 수 있다. 작은 정사각형 9개를 조립하면 더 큰 정사각형이 되고, 64개를 조립하면 체스판이 만들어진다.

이 멋진 조립 가능성 때문에 정사각형은 어디에나 사용할 수 있는 도형이다. 많은 욕실의 타일은 정사각형이다. 보도블록도 정사각형일 때가 적지 않고, 모눈종이는 수많은 작은 정사각형들로 이루어졌으며, 지도는 대개 정사각형들로 구획되어 있다. 정사각형들로 점점 더 큰 평면을 덮는 수법은 우리 인간이 무한 평면을 이해하고 통제하기 위해 사용할 수 있는 묘수다.

이 원리의 가장 중요한 적용 사례는 직교좌표계다. 즉, 우리는 평면 전체가 작은 정사각형들로 구획되어 있다고 생각할 수 있다. 좌표축들을 설정하면, 평면상의 모든 점 각각을 두 개의 숫자로, 그 점의 x좌표와 y좌표로 기술할 수 있다. 따라서 우리는 모든 대상의 위치를 수로 나타내고 계산할 수 있다.

〰〰〰〰〰〰〰

1852년 10월 23일, 런던의 수학 전공 대학생 프랜시스 거스리는 담당 교수 오거스터스 드 모르간에게 대수롭지 않은 듯한 질문을 던졌다. 그 질문이 100년 넘게 수학의 중요한 문제가 되리라는 것을 두 사람 모두 예상하지 못했다.

질문은 거스리의 우연한 발견에서 비롯되었다. 무슨 이유에서였는지 그는 영국 행정구역들이 표시된 지도 하나를 공들여 색칠했다. 그는 모든 행정구역 각각을 색칠하면서, 경계선을 공유한 두 구역이 다른 색으로 칠해지도록 주의했다. 행정구역들을 한눈에 구별할 수 있으려면 그렇게 색칠하는 것이 옳았다.

그런데 프랜시스 거스리는 색들을 가능하면 적게 사용하려 애썼다. 그러다가 다음을 깨달았다. 세 가지 색으로는 부족하지만, 네 가지 색이면 충분하다. 그리고 그는 한 세기 넘게 수학자들의 연구 주제가 될 질문을 떠올렸다. 모든 지도에서 네 가지 색이면 충분할까? 상상의 나라를 그린 지도까지 포함해서 모든 지도의 구역들을 단 네 가지 색으로 칠할 수 있을까? 드 모르간 교수는 정답을 몰랐다. 그는 더블린에서 활동하는 동료 윌리엄 로원 해밀턴에게 당일로 편지를 썼는데, 해밀턴 역시 정답을 몰랐다.

그 문제가 미해결로 남아 있던 1879년, 수학을 전공한 후 변호사로 일하던 알프레드 브레이 켐프가 네 가지 색으로 충분함을 보여주는 증명을 발표했다. 켐프는 대단히 뛰어나다고 인정받는 과학자였지만, 그의 증명은 옳지 않았다. 이 사실은 1890년에 퍼시 히우드에 의해 밝혀졌다. 하지만 히우드는 다섯 가지 색으로는 충분함을 증명함으로써 켐프의 논증을 부분적으로 살려냈다. 그러나 실제로 다섯 가지 색을 써야만 색칠할 수 있는 지도는 그때까지 전혀 발견되지 않았다! 그리하여 질문은 이렇게 압축되었다. 네 가지 색이냐, 다섯 가지 색이냐?

최종적인 정답은 1977년에야 나왔다. 켐프의 아이디어에 기초하여 독일 수학자 하인리히 헤쉬가 수행한 결정적인 선행 연구를 이어받아 미국 일리노이 대학교의 수학자 케네스 아펠과 울프강 하켄이 문제를 풀었다. 결론은 네 가지 색으로 충분하다는 것이었다. 이론적 숙고를 통하여 그들은 약 1,500가지의 구역 배열에 대해서 네 가지 색이 충분함을 증명하면 모든 지도에 대한 증명이 완료됨을 알아냈다. 다음으로 그 특정한 배열들에 대한 증명은 컴퓨터를 통해 이루어졌다.

일리노이 대학교는 학교의 공식 도장이 찍힌 편지들을 통해 자랑스럽게 선언했다. "네 가지 색이면 충분하다Four colors suffice."

이것은 유명한 축에 드는 추측에 대한 증명이라는 점에서도 주목할 만했지만, 다른 이유에서도 관심을 끌었다. 이것은 사람이 집에서 책상 앞에 앉아 검토하고 이해하는 것이 불가능한 최초의 증명이었다. 이 증명을 검토하고 이해하려면 컴퓨터가 필요했다. 그래서 이 증명은 현재까지도 수학자들의 논란거리다.

5

자연을 대표하는 수

"다섯 개의 손가락은 한 개의 주먹이다!" 독일 바이마르 공화국 시절에 독일 공산당의 대표였던 에른스트 텔만(1886-1944)이 지지자들을 규합하기 위해 사용한 선동 구호다. 하지만 위 문장은 인간이 까마득한 과거부터 수를 다루면서 해온 근본적인 경험 하나를 표현한다.

한 손의 손가락 다섯 개는 하나의 단위를 이룬다. 그 단위는 손가락 다섯 개의 나열에 불과한 것이 아니다. 수 시스템을 개발한 거의 모든 문화에서 5는 특별한 수였다.

손가락으로 수를 셀 때, 5는 처음 도달하는 한계다. 따라서 5가 최초의 "상위 단위"로 되는 것은 아주 자연스럽다. 우리는 예컨대 금을 그어 수를 표기할 때 처음 네 개의 금은 수직으로 긋고 그것들 위에 다섯째 금을 대각선 방향으로 겹쳐 그음으로써 5를 새로운 단위로 만든다. 로마 숫자에서 5를 가리키는 V도 따지고 보면 IIIII의 축약 표현일 따름이지만 새로운 단위로 취급된다.

5를 특별한 단위로 보는 견해는 심리학 지식과 아주 멋지게 들어맞는다. 5개 이하의 대상이 우리 앞에 무질서하게 놓여 있으면, 우리는 그것들의 개수를 따로 세지 않아도 단박에 알아낼 수 있다. 반면에 개수가 6개 이상이면, 그렇게 할 수 없다.

그러나 수 5의 특별한 의미는 그 수에 대응하는 기하학적 모양들, 곧 정오각형이나 뿔이 다섯 개인 별(영어로 '펜타그램pentagram') 에서 확연히 드러난다. 이 두 모양은 서로 밀접한 관련이 있다. 원 위에 일정한 간격으로 배치된 점 다섯 개를 순서대로 연결하면 정 오각형이 만들어지고, 점 하나를 건너뛰면서 연결하면 펜타그램 이 만들어진다.

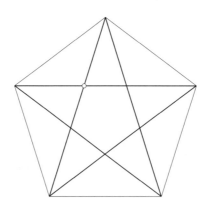

자연에서는 펜타그램이 다양한 꽃에서 아주 풍부하게 나타난다. 대대수의 꽃에서 꽃잎들은 5각 대칭을 이룬다. 장미과 식물의 꽃, 그러니까 장미꽃, 벚꽃, 자두꽃, 딸기꽃이 그렇다. 또한 샐비어, 바질, 오레가노, 감자의 꽃잎도 다섯 장이다. 사과를 가로로 잘랐을 때 드러나는 씨방의 단면은 펜타그램 모양이다. 스타프루트star fruit의 단면은 거의 완벽한 펜타그램이며, 불가사리의 팔은 딱 다섯 개다.

군말 말고 수치를 보자. 꽃식물 약 24만 종 가운데, 꽃잎이 세 장인 식물(외떡잎식물)이 약 6만 종, 네 장인 식물이 고작 4,000종, 나머지 약 17만 5,000종은 꽃잎이 다섯 장이다.

우리 인간은 특별히 중요하고 눈에 잘 띄고 의미심장한 별을 그리려 할 때 펜타그램을 애용한다. 예컨대 국기에 들어 있는 별의 대대수가 펜타그램이다(예컨대 유럽연합기, 미국 국기, 이슬람 국가들의 국기). 호텔의 등급을 알려주는 별과 성탄절 장식용 별도 뿔이 다섯 개다.

펜타그램의 마술적 측면은 괴테의 『파우스트』 1부에도 등장한다. 중요한 연구실 장면에서 파우스트와 메피스토가 첫 대화를 나눈 후, 메피스토는 밖으로 나가지 못한다. 왜냐하면 문턱 위에 "별 모양 부적"(펜타그램)이 있기 때문이다. 그런 메피스토를 파우스트가 조롱한다. "펜타그램이 너에게 고통을 주니?" 하지만 메피스토는 아주 특별한 묘수로 문제를 해결한다. 그는 먼저 노래를 들려주어 파우스트를 잠들게 한 다음 마법으로 쥐 한 마리를 불러와 문턱을 갉아먹게 한다. 그리하여 펜타그램이 파손되자, 메피스토는 방에서 빠져나간다.

~~~~~~~~~~~

정오각형 혹은 펜타그램은 문화사적으로 중대한 의미를 지녔다. 왜냐하면 정오각형에서 무리수가 최초로 발견되었기 때문이다.

피타고라스주의자들은 (기원전 550년경에) "만물은 수"라고 확신했다. 또한 그들은 모든 현상이 자연수들(1, 2, 3,…) 및 자연수들 사이의 비율을 통해 결정된다는 생각을 그 확신과 결부시켰다. 그 비율, 예컨대 2:3을 오늘날 우리는 분수 2/3로 표기하고 "유리수"라는 별도의 명칭으로도 부른다('유리수'를 뜻하는 독일어 'rationale Zahl'에 들어 있는 'rational'의 어원은 '비율'을 뜻하는 라틴어 'ratio'다).

피타고라스주의자였던 메타폰티온의 히파소스는 (기원전 500년경에)—추측하건대, 펜타그램에서—자연수들로 기술할 수 없는 비율들이 존재함을 발견했다. 그 비율들은 유리수가 아니라 "무리수"를 이룬다.

구체적으로 설명하면 이러하다. 예컨대 펜타그램에서 수평으로 놓인 선분을 주목하라. 그 선분은 세 구간으로 나뉘어 있다. 그런데 맨 왼쪽 구간('짧은 부분')과 나머지 두 구간의 합('긴 부분') 사이의 비율은 유리수가 아니다!

이 사실을 경험적으로 증명할 수는 없다. 측정을 통해서는 유리수 비율만 나오니까 말이다. 우리는 이 사실을 수학적으로 증명해야 한다. 실제로 히파소스가 그 증명을 해냈다. 그의 증명은 당대의 그리스 수학이 이미 예상을 훌쩍 뛰어넘는 수준에 도달했음을 보여준다.

히파소스는 귀류법으로 논증한다. 즉, 일단 이런 전제를 채택한다. '짧은 부분과 긴 부분 사이의 비율이 유리수인 펜타그램이 있다고 치자.' 그러면 그 펜타그램을 적당히 확대하여 짧은 부분과 긴 부분의 길이를 모두 자연수로 만들 수 있다.

이 예비 작업에 이어서 히파소스는 펜타그램의 중앙에 놓인 정오각형을 살펴본다. 그 정오각형의 대각선들을 그으면, 또 하나의 펜타그램이 만들어진다. 그런데 히파소스가 증명해냈듯이, 이 펜타그램에서도 '짧은 부분'과 '긴 부분'의 길이가 자연수여야 한다. 이 펜타그램 중앙의 정오각형의 대각선들로 이루어진 더 작은 펜타그램도 마찬가지다. 이런 식으로 점점 더 작은 펜타그램들에서도 '짧은 부분'과 '긴 부분'의 길이가 자연수여야 한다.

따라서 난감한 상황이 발생한다. 왜냐하면 '짧은 부분'과 '긴 부분'의 길이는 점점 더 짧아지는데, 자연수는 1보다 작아질 수 없기 때문이다. 따라서 모순이 발생한다. 그러므로 히파소스가 맨 처음에 채택한 전제는 참일 수 없다.

한마디 보태면, 오늘날 사람들은 '긴 부분'과 '짧은 부분' 사이의 비율을 일컬어 '황금분할'이라고 한다(〈φ 황금분할〉 참조).

6

자연의 형태

천문학자 겸 수학자 요하네스 케플러(1571-1630)는 1611년의 첫
날에 친구이자 후원자인 요한 마테우스 바커 폰 바켄펠스에게 『육
각형 눈에 관하여』라는 제목의 소책자를 써서 선물했다. 케플러는
눈송이가 미세하게 가지를 뻗은 구조라는 사실과 가지들 사이의
각이 60도 혹은 120도라는 사실을 관찰을 통해 알아냈다. 60도와
120도는 정육각형에서 특징적으로 등장한다. 오늘날 우리는 눈송
이의 형태가 H_2O의 분자구조 때문에 만들어진다는 것을 안다.

케플러의 소책자는 눈송이가 육각형이라는 점을 최초로 거론했
으며 육각형이 자연의 기본 형태라는 주장을 최소한 암묵적으로
제시했다.

자연은 많은 육각형을 동시에 만들어내곤 한다. 더 정확히 말하
면, 벌집의 방들처럼 멋지게 들어맞는 육각형들을 말이다. 벌집에

서는 정육각형들이 빈틈없이 끼워 맞춰져 완벽하게 규칙적인 패턴을 이룬다. 그렇게 조각들을 빈틈없이 끼워 맞추는 작업을(또는 그 결과물을) 일컬어 '타일링tiling'이라고 한다. 정육각형 타일링에서 정육각형의 변들을 주목하면, 조각들의 변과 변이 맞닿은 것을 알 수 있다. 정육각형의 꼭짓점을 보면, 각각의 꼭짓점에서 각각 다른 정육각형에 속한 변 세 개가 만난다는 것, 그리고 그 변들이 똑같은 각 세 개를 이룬다는 것을 알 수 있다. 따라서 그 각의 크기는 120도다.

정육각형 타일링은 어떤 의미에서 자동으로 발생한다. 더 정확히 말하면, 정육각형 타일링의 꼭짓점들이 다양한 상황에서 저절로 형성된다. 여러 모양으로 빚을 수 있는 재료, 예컨대 밀가루 반죽, 석고반죽, 찰흙, 밀랍 등으로 덩어리 세 개를 만들어보라. 이어서 그 덩어리들을 대충 삼각형의 꼭짓점에 놓이도록 배열한 다음에 삼각형의 중심 쪽으로 밀어서 그 덩어리들이 맞닿으며 변형되게 하라. 그러면 마치 기적처럼, 덩어리 두 개가 맞닿은 곳마다 평면이 형성된다. 또한 위에서 내려다보면, 똑같은 각 세 개가 보인다. 그 각들의 크기는 120도다.

이 현상을 주방에서도 관찰할 수 있다. 찜통 속에서 부풀며 익어가는 찐빵들은 서로 맞닿아 밀리면서—대략적으로—정육각형 타일링 패턴을 형성한다.

육각너트는 정육각형의 안정성을 이용한다. 우리는 육각너트를 손쉽게 돌려 볼트에 끼워 넣을 수 있다. 더 기발한 발명품은 머리에 육각형 홈이 있는 나사다. 그 홈에 육각 렌치를 꽂고 돌리면, 나사를 조이거나 풀 수 있다. 육각 홈 나사의 발명자는 미국인 윌리엄 앨런이다. 그는 1910년에 육각 홈 나사로 특허를 받았다. 그래서 미국에서는 육각 렌치를 '앨런 키Allen key'라고도 부른다. 독일 회사 '바우어 앤 샤유르테Bauer & Schaurte'는 1936년에 독일에서 육각 홈 나사로 특허를 받고 그 제품을 '인부스Inbus'라는 이름으로 출시했다.

케플러는 1611년의 소책자에서 수 6과 정육각형이 등장하는 다른 현상들도 탐색했다. 벌집은 케플러에게도 감탄스러웠는데, 그 밖에도 그는 그릇에 원반과 공을 최대한 빽빽하게 담는 작업을 언급한다.

똑같은 크기의 동전들이 바닥에 놓여 있다고 상상해보자. 한 동전을 다른 동전들로 둘러싸면, 첫 동전 주변에 정확히 여섯 개의 동전을 배치할 수 있다. 그렇게 하면 동전들이 가장 좁은 범위 안에 모인다. 이 패턴을 계속 확장하면, 평면을 "원반으로 채우게" 된다. 케플러가 제기한 질문은 이것이었다. 이 "육각" 채우기가 가장 조밀한 원반 채우기일까? 바꿔 말해 육각 채우기를 하면 동전으로 덮인 면적의 비율이 가장 커질까? 케플러는 육각 원반 채우기 패턴이 평면 전체의 약 90.7퍼센트를 덮는다는 것을 계산으로 알아냈다. 정확한 비율은 $\pi/(2\sqrt{3}\,)$이다.

케플러의 질문은 거기에서 멈추지 않았다. 3차원 공간에서는 어떠할까? 대포알과 같은 공 모양의 물체를 그릇 안에 최대한 조밀하게 넣는 방법은 무엇일까? 오늘날 우리는 더 평화로운 질문을 던진다. 오렌지들을 최대한 조밀하게 쌓으려면 어떻게 쌓아야 할까? 이 문제에 대한 연구에서도 케플러는 통상적인 "육각" 오렌지 쌓기의 밀도가 $\pi/\sqrt{18}$(약 74.08퍼센트)로 가장 높다는 계산 결과를 얻었을 법하다.

최대 밀도의 원반 채우기 문제와 공 채우기 문제는 수백 년 동안 수학자들을 애태웠다. 원반 채우기 문제는 1910년에 노르웨이 수학자 악셀 투에가 처음으로 풀었다. 공 채우기 문제는 특히 난해한 문제로 밝혀졌다. 그 문제는 미국 수학자 토머스 헤일스에 의해 2005년보다 더 늦은 시기에야 해결되었다. 그는 방대한 이론적 숙고뿐 아니라 고성능 컴퓨터까지 동원하여 문제를 풀었다.

～～～～～

케플러가 정육각형의 근본적 의미를 알아챈 것보다 훨씬 더 전부터 수학자들은 수 6을 연구했다. 그들이 출발점으로 삼은 것은 1+2+3=6이라는 대수롭지 않은 등식이었다. 이 등식을 이렇게 해석할 수 있다. '1, 2, 3은 6의 (6 자신을 제외한) 약수들인데, 이 약수들의 합 1+2+3이 다시 6이다.' 고대 그리스 수학자들은 이 같은 곱셈 구조(약수들)와 덧셈 구조(합) 사이의 연관성에 매혹되어 6을

"완전수"로 명명했다. 일반적으로 완전수란 자신의 진약수(자기 자신을 제외한 약수)들의 합과 같은 수다.

6 다음의 완전수는 28인데, 이 완전수는 7 이상의 수들을 하나씩 따져보는 방법을 통해 발견되었을 것으로 추정된다. 실제로 28은 자신의 진약수 1, 2, 4, 7, 14의 합과 같다.

완전수들은 명칭이 특별하다 보니 흔히—오늘날 우리의 관점에서 볼 때—과도한 의미를 부여받았다. 예컨대 교부 아우구스티누스(354-430)는 완전수 6을 성서에서 신이 세계를 창조하는 데 걸린 시간인 6일과 관련지었다. 그는 저서 『신국』에서 이렇게 쓴다. "이 작품들[피조물들]은 6일 동안에 완성되었는데, 이는 수 6의 완전성 때문이다." 또 이런 말도 덧붙인다. "신이 기간을 필요로 했고 모든 것을 한꺼번에 창조할 수 없었기 때문이 아니다. … 오히려 수 6을 통하여 작품들의 완전성이 드러나기 때문이다." 아우구스티누스는 신이 수 6을 채택한 것을 변론하는 듯하다.

완전수를 찾아내는 일은 만만치 않다. 6과 28 다음의 세 번째 완전수는 496이다. 저절로 이런 질문이 떠오른다. 더 큰 완전수도 있을까?

짝수인 완전수를 얻는 방법은 이미 기원전 300년경에 활동한 유클리드의 『기하학원본』에 나온다. 그 방법에서 가장 중요한 성분은 매우 특별한 유형의 소수, 곧 2의 거듭제곱보다 딱 1만큼 작은 소수다. 2의 거듭제곱은 4, 8, 16, 32, 64 등이다. 일반적으로 2

의 거듭제곱을 2^k로 적을 수 있다. 우리는 2^k보다 1만큼 작은 소수를 찾아야 한다. 즉, 3, 7, 15, 31, 63 등이 그런 소수의 후보일 수 있다. 일반적으로 표기하면, 2^k-1의 형태를 띤 소수를 찾아야 한다.

금세 알 수 있듯이, 이 형태를 띤 모든 수가 소수인 것은 아니다. 예컨대 15와 63은 소수가 아니다. 하지만 이런 수들은 우리의 관심사가 아니다. 우리는 2^k-1의 형태를 띤 소수들만 주목한다. 예컨대 $3=2^2-1$, $7=2^3-1$, $31=2^5-1$이 그런 소수다.

2^k-1의 형태를 띤 소수에 2^{k-1}을 곱하면 완전수가 나온다. 한 예로 소수 $31=2^5-1$에서 완전수 $(2^5-1) \cdot 2^{5-1}=31 \cdot 16=496$이 나온다.

위대한 수학자 레온하르트 오일러(1707-1783)는 위 계산법의 역을 증명했다. 즉, 모든 짝수인 완전수는 위 계산법이 알려주는 형태를 띠어야 한다는 것을 증명했다.

여기에서 우리는 두 가지 문제에 봉착한다. 첫째, 2^k-1의 형태를 띤 소수는 아주 드물다. 이런 소수를 '메르센 소수'라고 하는데, 2020년 현재까지 알려진 메르센 소수는 겨우 51개다. 둘째, 수천 년에 걸친 연구에도 불구하고 우리는 홀수인 완전수의 존재 여부를 아직도 모른다.

"메르센 소수가 무한히 많이 존재할까?"라는 질문과 "홀수인 완전수가 존재할까?"라는 질문은 둘 다 중대한 미해결 수학 문제다.

7

존재하지 않는 수

7을 생각하면 곧바로 연상되는 것이 있다. 아마도 대다수 사람은 가장 먼저 동화를 떠올릴 것이다. 일곱 고개 너머에 사는 일곱 난쟁이, 새끼 염소 일곱 마리, 한걸음에 7마일을 가는 장화, 모험 항해를 일곱 번 하는 신드바드.

7은 역사적 신화들에서도 중요하게 등장한다. 그리스의 칠현(七賢), 세계의 7대 기적, 로마의 7언덕. 종교적 맥락에서는 7이 거의 어디에나 있다. 7년의 풍년과 7년의 흉년, 가상칠언(架上七言)♦, 칠죄종(七罪宗)♦♦, 칠성사(七聖事)♦♦♦, 일곱 갈래의 촛대("메노라Menorah").

♦ 예수가 십자가에 매달린 채 죽기 전에 남긴 일곱 가지의 말.
♦♦ 그 자체가 죄이면서 다른 죄와 악습을 일으키는 일곱 가지 죄종. 교만, 인색, 시기, 분노, 음욕, 탐욕, 나태 등이다.
♦♦♦ 예수 그리스도가 정한 일곱 가지 성사. 성세 성사, 견진 성사, 고해 성사, 병자 성사, 성체 성사, 신품 성사, 혼인 성사를 이른다.

세속의 영역에는 7년 전쟁, 세계의 7대양, 잠자는 7인의 성인, 인간이 건너야 하는 일곱 개의 다리, 7년 만의 외출, 007,… 그리고 무엇보다도 7일로 이루어진 한 주가 있다.

그런데 이 다양한 현상들 각각에 등장하는 수 7은 경험적으로, 이를테면 개수를 셈으로써 알아낸 것이 아니다. 오히려 그 모든 7은 정신적 구성물, 혹은 인간의 발명이다. 동화와 역사를 이야기하고 또 이야기해온 사람들은 수 7이 왠지 적당하다고 느꼈다. 기원전 셋째 천년기에 메소포타미아에서 수메르인들이 이야기한 원초적 신화들에서도 7은 눈에 띄게 뚜렷한 역할을 한다.

무언가가 7과 관련을 맺는 것이 실재에 부합하는 것보다 훨씬 더 중요한 것처럼 보일 때가 많다. 예컨대 고대의 모든 "칠현"의 목록은 실제로 일곱 개의 이름을 포함하고 있지만, 그 이름들은 목록마다 상당히 달라서, 루치아노 데 크레센조는 "칠현은 스물두 명이었다"라는 결론에 이르렀다. 세계의 기적을 열거한 모든 목록에는 일곱 개의 기적이 들어 있지만, 구체적인 기적들은 목록마다 천차만별이다. 로마의 언덕 일곱 개의 목록도 수천 년의 세월 동안 여러 번 달라졌으며, 세계의 7대양은 지금도 정확히 정의하기가 전혀 불가능하다. 그러므로 이렇게 확언할 수 있다. '현자들, 세계의 대양들, 세계의 기적들에 등장하는 숫자 7은 자연과학적으로 알아낸 것이 아니라, 그저 이야기꾼과 청중이 생각하기에 "알맞은" 수, 적당한 수였다.'

수 7이 현실에 존재하는가, 라는 물음은 실망을 불러온다. 현실에서 7은 드물며 간혹 등장하더라도 대개 미심쩍다. 7각 대칭성을 지닌 결정은 존재하지 않으며, 동등한 꽃잎 7장으로 된 꽃을 피우는 식물은 단 하나, "기생꽃Lysimachia europaea"뿐이다. 하늘을 쳐다보더라도, 7은 별로 보이지 않는다. 물론 큰곰자리가 별 7개로 이루어졌고 "플레이아데스 성단"에서 가장 잘 보이는 별도 7개지만, 맨눈으로 볼 수 있는 별만 따져도 수천 개임을 감안할 때, 이 두 사례를 발견한 것은 보잘것없는 성과다.

더 중요한 것은 맨눈으로 볼 수 있으며 운동하는 천체 일곱 개다. 태양, 달, 그리고 행성들인 수성, 금성, 화성, 목성, 토성. 우리는 하늘에서 벌어지는 일을 대수롭지 않게 여기지만, 먼 과거의 사람들에게 그 일은 훨씬 더 중요했다. 태양과 달이 특별한 역할을 하는 것은 당연하다. 밤하늘을 관찰하는 사람이라면 누구나 거의 모든 별이 항성임을 알아챈다. 항성들은 천구에 붙어 있기라도 한 것처럼 다함께 천극(天極)을 중심으로 회전한다. 다른 "별들", 곧 행성인 수성, 금성, 화성, 목성, 토성은 이 규칙을 벗어나 각자의 고유한 궤적을 그린다.

이 일곱 개의 "운동하는" 천체들이 단일한 집단으로 간주되었음을 시사하는 강력한 증거 하나는 요일들의 명칭이다. 일요일Sonntag은 태양Sonne, 월요일Montag은 달Mond, 화요일Dienstag(이탈리아어 martedì)은 화성Mars, 수요일Mittwoch(이탈리아어 mercoledì)은 수성Merkur, 목요일Donnerstag(이탈리아어 giovedì)은 목성Jupiter, 금요일Freitag(이탈리아어 venerdì)은 금성Venus, 토요일Samstag(영어 saturday)은 토성Saturn에 대응한다.

실제로 가장 흥미롭고 우리 인간에게 가장 중요한 7의 등장은 일주일이 7일인 것이다. 그런데 일주일이 5일이나 6일, 혹은 8일이 아니라 7일인 이유를 합리적으로 해명하기는 어렵다. 천문학, 바꿔 말해 태양, 달, 별들은 대략적인 단서만 제공한다. 하루가 무엇이고 일 년이 무엇인지는 우리 인간의 손에 달려 있지 않고 자연에 의해 확정되어 있다. 하루는 지구가 자전축을 중심으로 한 바퀴 회전하는 데 걸리는 시간이며, 일년은 지구가 태양 주위를 한 바퀴 회전하는 데 걸리는 시간이다. 따라서 일 년이 며칠인지도 확정되어 있다. 한 달도 그러하다. 초승달이 뜰 때로부터 다음 초승달이 뜰 때까지의 시간은 (대략) 29.5일이다. 이 시간을 몇 개의 주(週)로 분할하려면, 7일을 한 주로 삼는 것보다 5일이나 6일을 한 주로 삼는 것이 더 쉬울 것이다. 그럼에도 한 달을 대략 네 개의 주로 분할한 것은 아마도 달의 네 가지 모양, 곧 보름달, 하현달, 초승달, 상현달 때문일 것이다. 아무튼 7일을 한 주로 삼는 관행은 전 세계에서 채택되었다.

7일로 된 한 주의 기원은 기독교 성경의 첫머리에 나오는 창조 이야기다. 그 이야기에 따르면, 신은 세계를 6일 동안 창조하고 일곱째 날에 쉬었다. 그 7일이 한 주다. 따라서 한 주는 애당초 휴일

(안식일, 일요일)을 포함한 구조였다. 오늘날 그 휴일은 "주말"로 확장되었다.

결론적으로 우리는 놀라운 간극을 주목하지 않을 수 없다. 한편으로 수 7은 실재 세계에서 극도로 드물다. 7은 사실상 등장하지 않는다고 해도 과언이 아니다. 다른 한편으로 신화와 이야기와 인간의 발명에서는 7이 놀랄 만큼 자주 등장한다.

~~~~~~~~~~

7이 소수라는 사실은 7의 독특함에 결정적으로 기여한다. 7은 최초의 소수가 아니다. 7보다 먼저 2, 3, 5가 있으니까 말이다. 그러나 이 수들에서는 다른 속성들이 두드러져 소수의 성격은 빛바랜채 뒷전으로 밀려난다. 7은 1과 자기 자신으로만 나누어떨어지므로 소수다. 반면에 6은 소수가 아니다. 1과 자기 자신뿐 아니라 2와 3으로도 나누어떨어지니까 말이다.

소수들은 가장 중요하고 흥미로운 자연수들이다.

소수는 수의 나라에서 원자이기 때문에 중요하다. 바꿔 말해 다른 모든 자연수를 소수들을 가지고 합성할 수 있다. 예컨대 자연수 12는 소수 2와 3으로 분해된다. 거꾸로 12를 2와 3으로부터 합성할 수 있다. $12 = 2 \cdot 2 \cdot 3 = 2^2 \cdot 3$. 실제로 1보다 큰 모든 자연수 각각을 소수들의 곱으로 표현할 수 있으며, 그 표현 방법은 단 하나뿐이다.

소수는 정의가 간단한데도 2500년 동안 수학자들에게 매혹적일 뿐 아니라 난해한 연구 과제라는 점에서 흥미롭다. 수학사의 첫 절정 하나는 무한히 많은 소수가 존재한다는 정리가 증명된 것이다. 소수들의 계열은 영영 종결되지 않는다. 이 정리는 고대의 수학책인 유클리드의 『기하학원본』에 멋진 증명과 함께 실려 있다. 그러나 그 무한한 소수들의 계열이 세부적으로 어떠한지는 예나 지금이나 밝혀지지 않았다. 예컨대 한 소수로부터 다음 소수를 계산하는 방법을 우리는 모른다. 또 소수들을 계산하는 일반 공식도 없다. 한마디로 우리는 소수에 관하여 많은 것을 알지만 모든 것을 아는 수준에는 턱없이 못 미친다.

7의 수학적 속성들을 통해 그 수가 획득한 엄청난 의미를 설명할 수 있을까? 어쩌면 7이 6 다음에 바로 나온다는 점을 주목해야 할 것이다. 6은 어느 모로 보나 완전한 수다. 6은 이등분도 되고 삼등분도 된다. 6은 "원만하며" 내적으로 완벽한 조화를 갖췄다. 그런데 그런 6의 너머에 7이 있다. 7은 6의 통일성을 능가하는 새로운 통일성이다. 게다가 7은 소수다. 따라서 7은 조화로운 6의 통일성과는 영 딴판으로 갈등이 충만한 통일성, 많은 정신적 에너지를 들여야만 유지될 수 있는 통일성이다.

8

타협 없는 아름다움

이탈리아 남부의 도시 바리Bari에서 내륙 쪽으로 차를 달리면, 황량한 풍경이 이어지다가 곧 구릉 위의 건물 하나가 눈에 들어온다. 시선을 사로잡고 말문을 막는 건물이다. 그 거대한 기하학적 건물은 다가갈수록 더 낯설게 느껴진다. 마치 "하늘에서 뚝 떨어지기라도" 한 것 같다.

명칭이 "카스텔 델 몬테Castel del Monte"인 그 성은 신성로마제국의 황제 프리드리히 2세의 지시로 1240년에 착공하여 1250년에 완성되었다. 이 성이 방어용 요새인지, 사냥용 별장인지, 혹은 프리드리히 2세의 통치권을 표현하는 상징물인지는 오늘날에도 학자들의 논쟁거리다. 그러나 이 유일무이한 건물의 강렬한 인상이 타협 없이 엄격한 기하학적 형태에서 나온다는 것에 대해서만큼은 논란이나 이론의 여지가 없다.

카스텔 델 몬테를 위에서 내려다본 윤곽은 폭 56미터의 정팔각형이다. 성의 높이는 25미터다. 정팔각형의 꼭짓점마다 탑이 있는데, 그 탑의 단면도 정팔각형이다. 또한 중정(中庭)도 ─ 당연히 ─ 정팔각형이다. 그야말로 석조건물이 된 수학이다.

카스텔 델 몬테의 평면이 팔각형인 이유를 확실히 말할 수 있는 사람은 없다. 한 설명은 지배권에 중점을 두면서 이렇게 지적한다. 중세 신성로마제국의 황제가 썼던 관은 확실한 팔각형이다. 당시에는 신성한 의미를 지닌 많은 건물이 팔각형으로 건설되었다. 중요한 예로 독일의 아헨 대성당을 들 수 있다. 그 건물은 황제의 대관식이 이루어진 곳이다. 또 다른 설명은 예로부터 여덟째 날은 부활의 날이라는 사실을 주목한다. 즉, 여덟째 날은 7일 동안의 창조에 이은 새로운 날이다.

기하학적 관점에서 보면 정팔각형은 특히 매력적인 정다각형이다. 정팔각형 그리기는 정사각형 그리기와 거의 마찬가지로 쉽다.

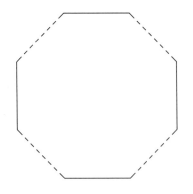

정사각형의 네 변의 각각을 (정확한 크기로!) 삼등분하여 가운데 부분들의 끝점들을 사선으로 연결하기만 하면 정팔각형이 그려진다.

정사각형만 해도 대칭성이 높다. 정사각형은 대칭축 4개를 지녔다. 수평축, 수직축, 그리고 두 개의 대각선 축이 그 대칭축들이다. 정팔각형은 각과 변의 개수만 정사각형의 두 배인 것이 아니라 대칭축의 개수도 두 배다. 서로 마주 보는 변들의 중점을 이은 직선 4개뿐 아니라 서로 마주 보는 각들을 이은 직선 4개도 대칭축이어서, 총 8개의 대칭축이 있다.

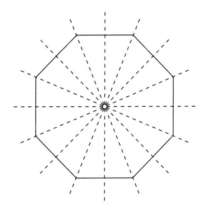

그러나 정팔각형은 정사각형보다 융통성이 떨어진다. 정사각형 타일링은 존재하지만, 정팔각형 타일링은 존재하지 않는다. 하지만 정팔각형 외에 작은 정사각형을 추가로 사용하면, 모든 조각들을 끼워 맞춰 멋진 타일링 패턴을 구성할 수 있다.

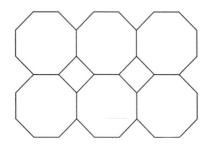

정사각형 하나를 그리고 45도 회전하여 또 하나를 그리면 뿔이 8개인 별이 만들어진다.

일상에서 8은 놀랄 만큼 자주 등장한다. 가장 두드러지게 눈에 띄는 정팔각형은 정지 표지판이다. 다리가 8개인 거미와 문어는 일부 사람들에게 공포의 대상이다.

중국에서 8은 행운의 수이며, 불교에서 팔정도(八正道)는 삶의 규칙 8개를 뜻한다. 팔정도의 상징은 "법륜(法輪)"이라는, 살이 8개인 수레바퀴다.

서양음계는 8개의 음으로 이루어졌다. 7개의 음, 곧 c, d, e, f, g, a, b(독일에서는 h), 혹은 도, 레, 미, 파, 솔, 라, 시에 이어 여덟째 음에서 다시 처음부터 음계가 시작된다. 따라서 한 "옥타브"는 8개의 음으로 구성된다.

독일어 사전에서 8(acht)은 가장 먼저 등장하는 수다. 알파벳 순서로 따지면 맨처음이기 때문이다. 영어에서도 마찬가지다. 영어 사전에서 가장 먼저 등장하는 수는 'eight'이다.

수 8은 온갖 재미있는 속성을 지녔다. 예컨대 8은 세제곱수, 곧 어떤 수를 세제곱한 결과다. 수식으로 표현하면, $8=2^3$이다. 더구나 1을 제외하면, 8은 자연수의 계열에서 첫 번째 세제곱수다.

더욱 흥미롭게도 세제곱수 8은 제곱수 9의 바로 앞에 놓여 있다. 수식으로 표현하면, $2^3+1=3^2$다. 이런 세제곱수와 제곱수의 조합은 단 하나뿐이다.

~~~~~~~~~~~~~~~~

기하학에는 수 8이 등장하는 중요한 예로 정팔면체가 있다. 정팔면체란 정삼각형으로 된 면 8개를 가진 입체다. 정팔면체를 상상하는 쉬운 방법은 우선 모서리가 4개인 피라미드를 상상하는 것이다. 그 피라미드는 정사각형으로 된 바닥 면 외에 정삼각형으로 된 면 4개를 지녔다. 이어서 또 하나의 피라미드를 거꾸로 뒤집어 바닥 면이 원래 피라미드의 바닥 면과 일치하도록 맞붙여라. 그런 다음에 맞붙은 바닥 면은 없고 나머지 외곽 면들만 있다고 상상하면, 정팔면체를 상상하는 것이다.

정팔면체는 정다면체다. 즉, 모든 면이 정n각형(정팔면체에서 n=3)이며, 각각의 꼭짓점에서 똑같은 개수의 면들이 만난다(정팔면체에서는 4개). 수학에서 가장 오래된 정리들 중 하나에 따르면, 정다면체는 딱 다섯 개만 존재한다. 정팔면체 외에 정사면체, 정육면체, 정오각형으로 된 면 12개를 가진 정12면체, 정삼각형으로 된

면 20개를 가진 정20면체가 있다.

정팔면체와 정육면체는 가까운 친척인데, 수학자들은 이 친척 관계를 표현하기 위해 "쌍대다면체dual polyhedron"라는 용어를 사용한다. 정육면체는 꼭짓점이 8개에 면이 6개인 반면, 정팔면체는 거꾸로 꼭짓점이 6개에 면이 8개다. 개수들이 이렇게 같은 것은 다음과 같은 기하학적 사정 때문이다. 즉, 정팔면체의 이웃 면들의 중심을 연결하면 정육면체가 만들어지고, 거꾸로 정육면체

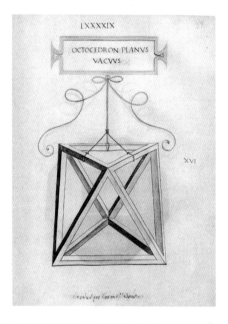

루카 파치올리가 1509년에 출판한 저서 『신성한 비율에 관하여De divina proportione』에 삽입하기 위해 레오나르도 다빈치가 그린 정팔면체.

의 이웃 면들의 중심을 연결하면 정팔면체가 만들어진다.

고대 철학자 플라톤(기원전 428/27~348/47)은 딱 다섯 개의 정다면체만 존재한다는 사실을 특별히 주목했다. 거의 모든 수학적 대상(수, 소수, 삼각형, 사각형, …)은 무한히 많이 존재하니까 말이다. 그는 그 사실을 중시한 나머지 정다면체 5개를 고대에 거론된 원소 4개와 동일시했다(정사면체=불, 정육면체=흙, 정팔면체=공기, 정20면체=물). 정12면체는 짝지을 원소가 없어 우주와 동일시되었고 나중에는 정신적 원소인 "제5원소"와 짝지어졌다.

정다면체는 오늘날 "플라톤 입체"라는 이름으로도 불린다(〈12: 전체는 부분들의 합보다 크다〉, 〈60: 최선의 수〉 참조).

9

따분한 수?

9는 첫 번째 따분한 수인 듯하다. 이 수는 홀수이므로 대칭성이 없다. 또 9는 소수가 아니어서 7처럼 신비롭지도 않다. 물론 9는 제곱수인데다가 세제곱수인 8의 바로 다음에 나오므로 흥미로운 구석이 아예 없는 것은 아니지만 말이다.

실재 세계에서 9가 등장하는 사례를 둘러봐도 딱히 매혹적인 것은 없다. 아홉눈이Neunauge◆라고 불리는 장어가 있긴 한데, 물고기를 닮은 척추동물인 장어는 눈이—당연히—두 개밖에 없다. "아홉눈이"라는 이름은 장어의 옆면에 있는 구멍 아홉 개에서 유래했다. 그 구멍들은 눈, 콧구멍, 그리고 아가미구멍 7개다. 또 다른 사례로 독일식 볼링 게임에서 핀의 개수 9가 있다. 스트라이크가 나면, 독일인들은 "alle Neune!(아홉 개 전부!)"라고 외치곤

◆ 우리는 아가미구멍 7개만을 세어 칠성장어라고 부른다.

한다.

정신적 세계, 곧 종교와 예술의 세계에서도 9는 사실상 등장하지 않는다. 또한 간혹 등장하더라도, 우연히 등장한다는 느낌이 든다. 드물게 등장하는 9는 그 수의 속성이나 다른 등장 형태와 관련 지어지지 않는다.

- 이집트 신화에서는 헬리오폴리스Heiliopolis◆의 "에네아드 Ennead", 곧 아홉 명의 신이 유명하다. "구주신군(九柱神群)"으로도 불리는 에네아드는 세계를 창조한 아홉 명의 신을 뜻한다.

- 무슬림의 금식월인 라마단은 이슬람 달력의 아홉째 달이다.

- 기독교 전통에서 9는 "성령의 수"로 불린다. 이 명명의 근거는 성경의 두 구절이다. 갈라디아서 5장 22절 이하에 따르면, 성령의 열매는 사랑, 기쁨, 평안, 인내, 친절, 선, 신실함, 온유, 절제다. 세어보면, 총 9개다. 고린도전서 12장 8절에서 10절을 보면, 성령이 주는 특별한 능력도 9개다.

- 그리스 신화에서는 9명의 뮤즈가 등장한다.

- 단테 알리기에리(1265-1321)의 『신곡』은 지옥의 구역 9개를 묘사한다.

- 중세에는 "아홉 영웅"이 아주 유명했다. 셋씩 무리를 지은 그들은 고대를 대표하는 영웅들인 카이사르, 헥토르, 알렉산드로스, 유대교를 대표하는 여호수아, 다윗, 유다스 마카베우스Judas

◆ 이집트 북부의 고대 도시.

Maccabeus*, 기독교를 대표하는 부용의 고드프리Godfrey of Bouillon**, 샤를마뉴***, 아서 왕이다. 여담인데, 이들과 나란히 "아홉 여자 영웅"도 숭배되었다.

- 모든 위대한 작곡가는 딱 아홉 개의 교향곡을 작곡했다는 풍문도 있는데, 이것은 전혀 틀린 얘기다. 추측하건대 이 소문은 베토벤의 9번 교향곡이 발휘한 엄청난 영향력에서 기인했을 것이다. 교향곡 아홉 개를 남긴 작곡가는 베토벤과 드보르자크뿐이다(하이든 104개, 모차르트 41개, 슈베르트「미완성 교향곡」포함 8개, 슈만 4개, 멘델스존 5개, 브람스 4개, 브루크너 11개[일부는 여러 버전이 있음], 말러 9번「대지의 노래」포함 10개, 쇼스타코비치 15개, 찰스 아이브스 4개, 시벨리우스 7개).

전반적으로 볼 때 9는 실제로 특별한 점이 없는 수인 듯하다. 그러나 수학에서 9는 주연까지는 아니더라도 중요한 조연을 한다.

"마방진"은 수 1, 2,···, 9를 3행 3열(3·3) 격자로 배열하되, 모든 행과 열과 대각선의 합이 같도록 배열하는 것이 목표인 퍼즐이다. 잠깐만 생각해보면, 그 합이 15이어야 함을 알 수 있다. 1부터 9까지의 총합은 45인데, 이 합이 3개의 행에 고루 분배되어야 하므로, 한 행의 합은 45/3=15일 수밖에 없다. 마방진을 구성하는 일을 실

---

* 기원전 2세기의 유대교 성직자, 반란 지도자.
** 십자군 지휘관.
*** 신성로마제국 초대 황제.

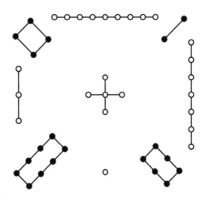

제로 해보면, 기본적으로 가능성이 하나밖에 없음을 알게 된다. 5는 격자의 중앙에 놓여야 하고, 짝수들은 귀퉁이에, 홀수들은 변에 놓여야 한다.

마방진의 매력은 어쩌면 수들이 아주 많은 조건들을 만족시켜야 하는데도 해답은 하나라는 사실에서 비롯될 것이다. 아무튼 가장 오래된 마방진인 중국의 "로슈(洛書)"는 수천 년 전부터 전승되었다.

인기 퍼즐 "스도쿠Sudoku"도 9를 기반으로 삼는다. 이 퍼즐 한 판에서는 1부터 9까지의 수를 9·9 격자에 9번 배열해야 한다. 그 격자는 각각 9칸으로 이루어진 하위격자 9개로 나뉘어 있다.

틱택토Tic Tac Toe 게임에서는 3·3 격자를 두 명의 플레이어가 번갈아 o와 x로 채운다. 한 행이나 열이나 대각선을 자신의 기호들로 먼저 채우는 플레이어가 이긴다.

이제 수론에서 다뤄지는 9의 속성들을 보자. 9의 배수들은 9, 18, 27, 36, 45, 54, 63, 72, 81, 90 등이다. 그런데 이 수들을 유심히 보면, 묘한 규칙성이 있음을 알아채게 된다. 즉, 10의 자릿수는 1씩 증가하는 반면, 1의 자릿수는 9부터 0까지 1씩 감소한다. 또한 10의 자릿수와 1의 자릿수의 합은 항상 9다.

이 규칙성으로부터 주어진 수가 9로 나누어떨어지기 위한 조건을 도출할 수 있다. 이것은 작은 수학적 묘기라고 할 만하다. 주어진 수가 9로 나누어떨어지는지 알아내려면, 나눗셈을 해볼 필요 없이 그 수로부터 "자릿수 합digit sum"이라는 작은 수를 추출하여 9로 나눠보면 된다. 예컨대 837이 9로 나누어떨어지는지 알고 싶다면, 837의 자릿수들의 합 8+3+7=18을 계산해야 한다. 18은 9로 나누어떨어지므로, 837도 9로 나누어떨어진다.

123,456,789처럼 큰 수에서는 이 묘기가 더 인상적으로 작동한다. 이 수의 자릿수 합은 1+2+3+4+5+6+7+8+9=45다. 45는 9로 나누어떨어지므로($45=5\cdot9$), 저 수도 9로 나누어떨어진다.

~~~~~~~~~~~~~~~~

계산이 옳은지 여부를 매우 효율적으로 검사하는 방법으로 "9검사Neunerprobe"라는 것이 있다. 이 검사법은 아마도 인도에서 유래했으며 1202년에 피보나치(본래 이름은 '피사의 레오나르도', 1180년경-1250년경)에 의해 서술되었고 아담 리스(1492-1559)에 의해 널리 알려졌다.

"9검사"를 떠받치는 기둥은 두 개다. 한 기둥은 9로 나누었을 때의 나머지와 관련이 있고, 나머지 기둥은 그 나머지를 가지고 하는 계산과 관련이 있다.

주어진 수를 9로 나누면, 일반적으로 나머지가 나온다. 예컨 대 47을 9로 나누면 나머지로 2가 나온다. 이를 $R(47)=2$로 표기 하자. 마찬가지로 63을 9로 나누었을 때의 나머지는 0이다. 즉, $R(63)=0$이다. 큰 수가 주어지면, 9로 나누었을 때의 나머지를 이 런 식으로 알아내기가 어렵다. 그러나 다행히 묘수가 있다. 그 묘 수는 한 수를 9로 나누었을 때의 나머지와 그 수의 자릿수 합을 9 로 나누었을 때의 나머지가 같다는 사실에 기초를 둔다. 요컨대 그 묘수는 이러하다. 우선 주어진 수의 자릿수 합을 구한다. 그 합이 한 자릿수가 아니라면, 다시 그 수의 자릿수 합을 구한다. 이런 식 으로 자릿수 합을 계속 구하면 결국 원래 주어진 수를 9로 나누었 을 때의 나머지가 나온다. 예컨대 47의 자릿수 합은 $4+7=11$, 11 의 자릿수 합은 2다. 따라서 47을 9로 나누었을 때의 나머지는 2 다. 13,579의 자릿수 합은 $1+3+5+7+9=25$다. 따라서 13,579를 9로 나누었을 때의 나머지는 7이다.

어떻게 하면 이 나머지를 이용하여 계산이 옳은지 검사할 수 있 을까? 아주 간단하다. 계산 $a+b=c$가 옳다면, 그에 대응하는 계산 $R(a)+R(b)=R(c)$도 옳아야 한다. 예컨대 $47+73=120$이다. 47을 9

로 나누었을 때의 나머지는 2, 73을 9로 나누었을 때의 나머지는 1, 120을 9로 나누었을 때의 나머지는 3이다. 그런데 2+1=3이다. 따라서 R(47)+R(73)=R(120)이 실제로 성립한다.

"9검사"는 곱셈에서도 통한다. 21·29를 생각해보자. 21을 9로 나누었을 때의 나머지는 3, 29를 9로 나누었을 때의 나머지는 2이므로, 이 곱셈의 결과를 9로 나누었을 때의 나머지는 2·3=6이어야 한다. 이 곱셈의 결과는 689라고 누가 주장한다면, 우리는 그 주장이 틀렸음을 보여줄 수 있다. 왜냐하면 689를 9로 나누었을 때의 나머지는 5이기 때문이다. 정답은 609다.

9검사를 하면 많은 오류를 발견할 수 있지만 모든 오류를 발견할 수 있는 것은 아니다. 예컨대 자릿수들이 뒤바뀐 결과는 9검사에서 오류로 포착되지 않는다.

그러나 자릿수들이 뒤바뀌었음을 알아내는 방법도 있다. 두 수의 덧셈이나 뺄셈이나 곱셈에서 서로 다른 두 결과가 나왔고 그 결과들의 차가 9로 나누어떨어진다면, 두 수 가운데 하나에서 자릿수들이 뒤바뀌었다고 판단할 수 있다.

0

무無의 상징

0의 발명은 뒤늦게 이루어졌다. 우리가 사용하는 0을 포함한 최초의 문서는 3세기에 제작되었지만, 0은 그보다 훨씬 먼저 발명될 수 있었을뿐더러 발명되어야 마땅했다.

물론 고대에 사용된 숫자 시스템의 대다수에서 0은 사용되지 않았다. 이집트, 그리스, 로마의 수 표기법은 0에 관심이 없었다. 왜냐하면 이 숫자 체계들에서는 개별 숫자들을 나란히 배열하여 수를 표현했기 때문이다. 예컨대 로마인은 128을 CXXVIII로 적었다. 이 기호는 100+2·10+5+3을 의미했다. 어떤 물건이 전혀 없을 경우, 사람들은 그 상황을 어떤 숫자로도 표기하지 않았다. 그렇게 해도 오해가 발생하지 않았다.

0은 이른바 '자릿값 시스템'(자릿값이 있는 숫자 시스템)에서만 필요하며, 그 시스템에서는 중요한 역할을 한다.

바빌로니아인은 이미 기원전 2000년경에 자릿값 시스템을 사용했으며, 다른 숫자 시스템으로는 해낼 수 없었을 계산에 그 시스템을 매우 성공적으로 활용했다. 바빌로니아 숫자 시스템은 우리의 십진법과 달리 10을 기반으로 삼지 않고 60을 기반으로 삼았다. 따라서 바빌로니아인은 수 1, 2,…, 59를 나타내는 숫자들이 필요했으며, 그 숫자들을 쐐기문자로 적었다.

모든 자릿값 시스템에서 그렇듯이, 한 숫자의 값은 그 숫자가 어느 자리에 있느냐에 따라 크게 달라졌다. 십진법에서 우리는 오른쪽부터 왼쪽으로 이동하면서 차례로 1의 자리, 10의 자리, 100의 자리 등을 구분한다. 마찬가지로 60진법에서 바빌로니아인은 각각의 숫자를 1의 자리, 60의 자리, 3,600의 자리 등에 놓을 수 있었다. 두 자리가 3과 5로 채워진 바빌로니아 수의 값은 $3 \cdot 60 + 5 = 185$였다. 세 자리가 2, 3, 5로 채워진 바빌로니아 수의 값은 $2 \cdot 3,600 + 3 \cdot 60 + 5 = 7,385$였다.

우리는 이 60진법 숫자 시스템을 오늘날에도 시간을 분할할 때 사용한다. 1분은 60초, 1시간은 60분이며, 따라서 1시간은 $60 \cdot 60 = 3,600$초다. 따라서 숫자 2, 3, 5로 이루어진 바빌로니아 수는 2시간 3분 5초를 초로 나타낸 것과 같은 값을 가진다.

바빌로니아인은 1, 2,…, 59를 나타내는 숫자들을 알았지만 0은 몰랐다. 바빌로니아 자릿값 시스템에서 특정한 자리에 아무 숫자도 없어야 할 경우, 그 자리는 그냥 공백으로 남겨졌다. 내용과 형식이 완벽하게 일치했던 셈인데(아무것도 없는 자리에는 아무것도 기입되지 않았으니까), 이 방식은 문제의 소지가 있었다. 예컨대 숫자열 25는 60의 자리에 놓인 2와 1의 자리에 놓인 5로, 따라서 125로 해석될 수 있었다. 그러나 2와 5 사이의 간격을 공백으로 해석하면, 2·3,600 더하기 5, 곧 7,205로 간주할 수도 있었다. 간단히 말해서, 한 숫자열이 나타낼 수 있는 수들이 약간만 다른 것이 아니라 아예 크기의 등급이 다르다!

이런 상황은 실생활에서 수를 다룰 때 용납할 수 없다. 특정한 자리에 아무것도 없다는 사실 자체를 기호로 나타낸다는 기발한 아이디어를 언젠가 어느 메소포타미아인이 떠올릴 수밖에 없었다. 공백을 나타내는 그 기호(세로 쐐기 두 개)를 0의 전신으로 간주할 수 있다. 그러나 그 기호는 아직 0이 아니었다. 왜냐하면 수는 계산에 사용되어야 하는데, 그 공백 기호는 계산에 사용되지 않았기 때문이다.

우리가 사용하는 0은 인도에서 거의 2000년 전에 발명되었다. 기원후 3세기나 4세기에 제작된 "바크샬리 필사본Bakhshali manuscript"에서 0은 작은 점으로 등장한다. 그 문서에서도 0은 일차적으로 공백 기호 혹은 자리 표시용 기호로 사용되지만, 이미 독자적인 숫자로서의 잠재력을 지녔다. 더 나중에 0은 인도에서 명실상부한 숫자로 사용된다. 예컨대 787년에 제작되어 현재 인도 중부 괄리오르에 있는 한 석판에서 0은 수 270과 50을 표기하기 위하여 두 번 사용된다.

그 후 몇백 년에 걸쳐 십진법과 인도의 0이 교역로를 통해 서쪽으로 전파되었고 특히 이슬람 문화에서 적극적으로 수용되었다.

인도 수학자 브라마굽타(598-668)는 저서 『브라마스푸타싯단타Brahmasphutasiddhanta』에서 0을 매우 상세하게 다뤘다. 그는 0을 단지 공백으로 취급하는 대신에 계산에 사용할 수 있는 수로 간주했다. 예컨대 그는 다음과 같은 0의 속성들을 언급한다. "한 수에 0을 더하거나 한 수에서 0을 빼면, 변함없이 그 수가 남는다. 한 수에 0을 곱하면, 그 수도 0으로 된다."

무슬림 저자가 인도 숫자 시스템을 다룬 문헌 가운데 유명한 최초의 것은 중요한 수학자 알콰리즈미에 의해 작성되었다. 그 문헌은 825년경 다마스쿠스에서 제작되었다. 그 문헌에서 알콰리즈미는 인도의 0을 아라비아 숫자 시스템에 도입하고 널리 보급하기 위해 애썼다. 이 문헌은 훗날 라틴어로 번역 출판되었는데, 그 책의 제목은 『Algoritmi de numero Indorum(인도 숫자에 관한 알콰리즈미[의 책])』이다. 그후 얼마 지나지 않아 "algoritmi"라는 단어는 그 책의 저자가 아니라 그 책에 서술된 계산 절차를 뜻하게 되었다. 오늘날 "알고리즘algorithm"은 무릇 계산 절차를 의미한다.

유럽에는 1202년에야 0이 도입되었다. 그 해에 중요한 중세 수학자 피보나치가 저서 『계산 책Liber Abaci』을 출판했다. 이 책은 미래의 방향을 제시하는 다음과 같은 문장으로 시작된다. "인도 숫자 아홉 개는 9, 8, 7, 6, 5, 4, 3, 2, 1이다. 이 아홉 숫자와 아랍인이 '제피룸Zephirum'이라고 부르는 숫자 0을 사용하면 모든 수를 표기할 수 있다." 그러나 십진법은 300년이 더 지난 1522년에 아담 리스의 베스트셀러『선과 펜을 이용한 계산Rechnung auff der linihen und federn』이 출판된 뒤에야 널리 보급되었다.

<p align="center">~~~~~~~~~~~~~</p>

전 세계를 정복한 것은 인도의 0이지만, 그 0은 인류 최초의 0이 아니다. 남아메리카의 마야인은 이미 2000여 년 전에 고도로 발달한 숫자 시스템을 사용하고 특히 달력 계산에 활용했다. 마야인은 20을 기반으로 삼은 자릿값 시스템을 사용했다. 아마도 수를 셀 때 손가락과 발가락을 이용했기 때문일 것이다. 또한 그들은 역사를 통틀어 가장 아름다운 기호로 0을 나타냈다. 그 기호는 작은 조개다.

그러나 마야인과 마야문화는 10세기에 절멸했다. 그 원인은 지금도 확실히 밝혀지지 않았다. 아무튼 그렇게 절멸했기 때문에, 마야의 수학과 0은 나머지 세계의 숫자 시스템 발달에 아무 영향도 미치지 못했다.

10

합리성을 대표하는 수

우리 인간이 손가락 열 개를 지녔다는 사실은 우리가 수를 세는 방식과 우리의 수 개념에 지대한 영향을 미쳤다. 왜냐하면 수를 셀때 쉽게 동원할 수 있는 보조 수단이 손가락이기 때문이다. 수를 셀 때 손가락을 이용하면, 한 손의 다섯 손가락이 첫째 정거장이되고, 두 손의 열 손가락이 진짜 종착점이 된다.

그래서 거의 모든 문화의 숫자 시스템은 당연하다는 듯이 10을 기반으로 삼는다. 바빌로니아인은 1을 나타내는 기호와 10을 나타내는 기호를 조합하여 숫자들을 구성했다. 이집트인은 1, 10, 100, 1000 등을 나타내는 숫자들을 가지고 있었다. 로마 숫자 I(1), V(5), X(10), L(50), C(100), D(500), M(1,000)도 10을 기반으로 삼는다. 그리스 숫자 시스템과 히브리 숫자 시스템에서는 1부터 9까지를 나타내는 철자들, 10부터 90까지를 나타내는 철자들, 100부

74

터 900까지를 나타내는 철자들이 사용된다. 남아메리카의 잉카인은 "키푸quipu 매듭"으로 십진법을 구현했는데, 매듭의 개수가 숫자의 값을 알려주었다. 이 밖에도 수많은 예들이 있다.

10의 특별한 지위는 대다수 언어에서 1부터 10까지의 수가 독자적인 이름을 가진 것에서도 드러난다. 11과 12를 뜻하는 단어는 1과 2를 뜻하는 단어의 흔적을 지녔고, 13부터는 체계적으로 조합된 이름이 사용된다.

일찍이 피타고라스주의자들은 10이 "완전한 수"라고 확신했다. 왜냐하면 10은 "수들의 모든 본성을 아우르는 듯하기" 때문이었다. 10을 상징하는 테트락티스tetractys는 1+2+3+4개의 점을 삼각형으로 배열한 그림이다.

십계명은 10이 확고한 단위로서 높은 지위를 누리는 데 결정적으로 기여했다. 십계명의 영향력은 유대교와 기독교에 국한되지 않는다.

그러나 10이 가장 뚜렷하게 활약하는 곳은 십진법, 곧 10을 기반으로 삼고 숫자 0, 1, 2,…, 9를 사용하는 자릿값 시스템이다. 십진법은 3세기에 인도에서 발명되었다. 아니, 더 정확히 말하면, 우리가 사용하는 0이 그때 그곳에서 발명되었다.

십진법은—예컨대 이진법을 비롯한 모든 자릿값 시스템과 마찬가지로—두 가지 장점 때문에 다른 모든 수 표기법보다 우월하다.

- 숫자들로 아무리 큰 수라도 표기할 수 있다. 십진법에서 우리는 숫자 0, 1, 2,…, 9만 사용해서 아무리 큰 수라도 적을 수 있다.

- 계산을 쉽게 할 수 있다. 왜냐하면 십진법에서는 모든 계산(덧셈, 뺄셈, 곱셈, 나눗셈)을 숫자들을(즉, 아주 작은 수들을) 다루는 계산으로 환원할 수 있기 때문이다. 종이에 숫자를 적으면서 덧셈할 때 우리는 개별 숫자들을 덧셈한다. 즉, 우선 1의 자리에 놓인 숫자들을 덧셈하고, 이어서 10의 자리에 놓인 숫자들, 그다음엔 100의 자리에 놓인 숫자들을 덧셈한다. 또한 우리가 (혹은 컴퓨터가) 구구단만 외면 모든 곱셈을 할 수 있다.

~~~~~~~~~~

프랑스혁명이 우리 역사에 미친 영향은 과장하기가 불가능할 정도로 막대하다. 무엇보다도 "자유, 평등, 박애Liberté, Égalité, Fraternité"라는 구호가 떠오르고, 인권 및 시민권 선언이 떠오른다. 그러나 적어도 이것들에 못지않게 영속적인 영향은 프랑스혁명을 통해 모든 형태의 숫자 사용에서 십진법이 관철된 것이다.

취지는 역사적으로 전승된 길이 및 무게 단위들을 통일하고 합리적 토대 위에 세우는 것이었다. 그리하여 과거의 모든 측정 시스템이 "공화국"(=십진법) 측정 시스템으로 대체되었다. 1793년 8월 1일, 길이가 100센티미터(1,000밀리미터)인 미터원기가 도입되었고, 부피의 단위인 리터(=10센티미터의 세제곱)도 확정되었다. 단위의 크기는 임의로 정의할 수 있으므로, 사람들은 "합리적인" 십진법 단위들을 자유롭게 도입했다.

시간의 분할은 전혀 다른 문제다. 년과 일의 정의는 인간의 손에 달려 있지 않다. 왜냐하면 년과 일의 길이는 천문학적 사실들에 의해 조작 불가능하게 주어지기 때문이다. 게다가 그 사실들에 관한 수들은 "아름다운" 구석이 아예 없고 서로 들어맞지도 않는다. 예컨대 1년은 (대략) 365.242일이며, 달의 모양 변화 주기는 평균 29.5일이다. 이런 이유들 때문에, 오랫동안, 심지어 영원히 유효할 달력을 설계하는 것은 대단히 어려운 일이다.

프랑스혁명 달력은 합리적 근거에 따라 설계되고 그리스도의 탄생, 부활, 승천 등의 종교적 전통에 구애받지 않아야 했다. 따라서 혁명가들은 이 분야에서도 급진적으로 행동했다. 그들은 1년을 열두 달로 나누었다. 각각의 달은 3개의 "10일decade"로 이루어졌다. 닷새나 엿새의 윤일leap day은 그대로 남았으며, 사람들은 매년의 끄트머리에 그 윤일들을 길한 날이나 흉한 날로 기념해야 했다. 아무튼 그 달력은 1792년부터 1805년 말까지 유효했다.

또 다른 아이디어는 하루를 더 짧은 시간들로 분할할 때도 십진법을 따르자는 것이었다. 1794년부터 하루는 10시간, 한 시간은 100분, 1분은 100초로 분할되어야 했다. 그러나 이 아이디어는 너무 급진적이었다. 이 아이디어를 따르려면 매일 모든 시계를 새로 맞춰야 했으니까 말이다. 따라서 이 시간 분할에 관한 법은 끝내 발효되지 않았다.

11

은밀히 활동하는 수

"파스칼 삼각형"은 수들을 삼각형으로 배열한 것인데, 만들기는 아주 쉽지만 믿기 어려울 정도로 많은 비밀을 간직하고 있다. 그래서 파스칼 삼각형은 수들을 조합하는 놀이에서 흥미로운 특징을 감지한 다음에 수학적 규칙성에 대한 체계적 탐구로 넘어가는 수업에서 다루기에 가장 좋은 주제들 중 하나다.

프랑스 신학자 겸 수학자 블레즈 파스칼(1623-1662)은 1655년에 출판한 『산술 삼각형에 관한 논문Traité du triangle arithmétique』에서 파스칼 삼각형을 정의하고 탐구했지만, 그가 최초로 그 삼각형을 다룬 것은 전혀 아니다. 독일 수학자 페터 아피안이 쓴 수학책의 1631/32년 판본의 표지가 이미 파스칼 삼각형으로 장식되어 있으며, 그보다 약 한 세기 전에 이탈리아 수학자 니콜로 타르탈리아는 파스칼 삼각형을 "발명했다."

중국 수학자 양휘(楊輝)는 이미 1261년에 파스칼 삼각형을 다뤘지만, 이것 역시 최초가 아니었다. 왜냐하면 그 삼각형은 10세기에 인도 수학자들과 페르시아의 수학자 오마르 하이얌에 의해 거의 동시에 탐구되었기 때문이다.

이런 연유로 파스칼 삼각형은 여러 이름으로 불린다. 이탈리아에서는 "타르탈리아의 삼각형", 중국에서는 "양휘 삼각형", 이란에서는 "하이얌 삼각형"이라는 명칭이 쓰인다.

아무튼 파스칼 삼각형이란 과연 무엇일까? 파스칼 삼각형은 삼각형으로 배열된 수들이며 원리적으로 무한히 많은 수들을 포함한다. 그 삼각형의 꼭대기 부분은 아래와 같다.

$$
\begin{array}{ccccccccccccc}
&&&&&& 1 &&&&&& \\
&&&&& 1 && 1 &&&&& \\
&&&& 1 && 2 && 1 &&&& \\
&&& 1 && 3 && 3 && 1 &&& \\
&& 1 && 4 && 6 && 4 && 1 && \\
& 1 && 5 && 10 && 10 && 5 && 1 & \\
1 && 6 && 15 && 20 && 15 && 6 && 1
\end{array}
$$

파스칼 삼각형을 만드는 방법은 이러하다. 각 행에서 왼쪽 끝과 오른쪽 끝의 수는 1이고 나머지 모든 수 각각은 바로 위 왼쪽과 오른쪽에 놓인 수들의 합이다. 따라서 위 그림의 여섯째 행은 아래와 같은 계산에 따른 것이다.

$$1 \quad 1+4 \quad 4+6 \quad 6+4 \quad 4+1 \quad 1$$

파스칼 삼각형은 수없이 많은 흥미로운 속성을 지녔다. 구체적으로 두 가지 속성만 보자.

- 각 행의 수들의 합은 2의 거듭제곱, 곧 차례로 1, 2, 4, 8, 16… 이다.
- 한 행의 수들을 교대로 덧셈하고 뺄셈하면 최종 결과가 항상 0이다. 한 예로 다섯째 행을 보면, 1−4+6−4+1=0이다.

파스칼 삼각형과 수 11의 연관성은 놀라우며 전혀 자명하지 않게 느껴진다. 그러나 11은 파스칼 삼각형과 대단히 밀접한 관련이 있다. 11은 파스칼 삼각형의 기반이라고 할 만하다. 왜냐하면 11을 중심에 놓고 생각하면, 파스칼 삼각형은 수 11과 그것의 거듭제곱들, 곧 11^2, 11^3 등을 적어놓은 것에 불과하기 때문이다.

우리는 둘째 행을 11로 읽을 수 있다. 다음 행에는 121이 있는데, 이 수는 11^2과 같다. 그다음 행은 1,331이며, 실제로 1,331=11^3이다. 이런 관계가 매 행에서 성립한다. 11^4이 얼마인지 알고 싶다면, 둘째 수가 4인 행을 찾아라. 바로 그 행이 정답이다. 그 행을 하나의 십진수로 간주하여 오른쪽부터 왼쪽으로 이렇게 읽을 수 있다. '일의 자리가 1, 십의 자리가 4, 백의 자리가 6, 천의

자리가 4, 만의 자리가 1.'

바로 아래 행을 보면, 11^5은 일의 자리가 1, 십의 자리가 5, 백의 자리가 10, 천의 자리가 10, 만의 자리가 5, 십만의 자리가 1인 수임을 단박에 알 수 있다. 한 가지 유의할 것은, 우리가 백의 자리의 10을 천의 자리의 1로 바꾸지 않았고 천의 자리의 10도 그냥 놔두었다는 점이다. 즉, 우리는 11의 거듭제곱들을 "올림" 없이 계산하고 있다. 따라서 개별 자리에 10 이상의 수가 놓일 수 있는데, 이것은 문제가 되지 않는다. 어떤 경우에도 우리는 잘 정의된 수를 얻으니까 말이다.

왜 이런 규칙성이 성립할까? 의문을 풀기 위해 여섯째 행을 하나 더 보자. 바로 위 행인 다섯째 행이 11^4을 나타낸다는 사실을 우리가 검증했다고 가정하자. 11^5을 계산하려면 11^4에 11을 곱하면 된다. 즉 $11^5 = 11^4 \cdot 11$이다. 그런데 $11^4 = 14{,}641$이므로, $11^5 = 14{,}641 \cdot 11$이다.

학교에서 손으로 숫자를 적으면서 곱셈을 배울 때 어떻게 배웠는지 기억하는가? 이를테면 14,641에 23을 곱하려면, 우선 14,641에 2를 곱한 결과를 적고, 그 아래에 3을 곱해서 얻은 결과를 적은 다음에, 두 결과를 덧셈하라고 배웠다. 14,641에 11을 곱하는 법은 훨씬 더 간단하다. 그냥 14641을 위아래로 두 번 적은 다음에 덧셈하면 끝이다.

1	4	6	4	1	·	1	1
1	4	6	4	1			
	1	4	6	4	1		
1	4+1	6+4	4+6	1+4	1		

마지막 행은 파스칼 삼각형의 다음 행과 정확히 일치한다. 즉, 그 행은 11^5과 같다.

일상에서 출현하는 11은 그 수의 본질을 반영한다. 11은 은밀히 활동하며 때때로 우리를 당황하게 하고 잘못된 길로 이끈다.

- 카니발을 위해 소집하는 '11인 위원회Elferrat'가 열한 명으로 구성된 것도 아마 중요한 위원회의 통상적인 인원인 10명이나 12명을 피하면서 카니발의 풍자적이고 해학적인 면모를 강조하기 위해서일 것이다.

- 축구팀이 11명으로 이루어진 이유는 불분명하다. 오늘날의 모형 계산에 따르면, 축구 선수의 수 11명은 어떤 의미에서 "옳다." 선수의 수가 더 많으면 경기가 정신없어질 테고, 더 적으면 따분해질 것이다.

- 축구에서 페널티킥을 찰 때 골대와 공 사이의 거리는 흔히 11미터로 알려져 있지만 정확히 따지면 12야드, 대략 10.97미터다.

11의 은밀한 힘은 나눗셈에서 특히 잘 드러난다. 우리는 주어진 수가 11로 나누어떨어지는지 쉽게 확인할 수 있다. 몇 가지 방법을 소개하면 아래와 같다.

- 임의의 수를 적어보라. 예컨대 수 π의 처음 숫자 다섯 개로 만든 수 31415를 적어라. 그다음에는 그 수를 거꾸로 뒤집은 수를 적고, 두 수를 이어붙여 하나의 수로 만들어라. 그러면 3141551413이 나온다. 이렇게 만든 열 자릿수는 11로 나누어떨어진다.

- 전자계산기 자판이나 컴퓨터 키보드의 별도 숫자판에서 직사각형의 네 꼭짓점에 해당하는 숫자들을 골라라. 예컨대 위 행의 7, 9와 가운데 행의 4, 6을 선택할 수 있다. 이제 그 숫자들을 시계방향이나 반시계방향으로 눌러라. 그러면 네 자릿수가 찍힐 텐데, 이를테면 4697이 찍힌다. 이 수를 11로 나눠보라. 나누어떨어질 것이다!

주어진 수가 11로 나누어떨어지는지 검사하는 가장 일반적인 방법은 "자릿수 교대 합"을 살펴보는 것이다. 이때 "교대"란 덧셈과 뺄셈을 번갈아 한다는 뜻이다. 예컨대 9,471의 자릿수 교대 합은 +9-4+7-1=11이다. 주어진 수의 자릿수 교대 합이 11로 나누어떨어지면, 그 수도 11로 나누어떨어진다. 따라서 9,471은 11로 나누어떨어진다.

0은 11로 나누어떨어지므로, 다음과 같은 특수한 규칙도 성립한다. 자릿수 교대 합이 0인 수는 11로 나누어떨어진다.

이 규칙을 알면, 앞서 언급한 '데칼코마니 수'(한 수와 그것을 거꾸로 적은 수를 이어붙여서 만든 수)가 11로 나누어떨어지는 이유를 이해할 수 있다. 3141551413의 자릿수 교대 합은 +3-1+4-1+5-5+1-4+1-3이다. 이 수식을 한가운데의 두 숫자부터 읽으면, 우선 5와 -5가 상쇄된다. 그다음에는 -1과 1이, 이어서 4와 -4가, 또 -1과 1이, 마지막으로 3과 -3이 상쇄된다. 요컨대 데칼코마니 수의 자릿수 교대 합은 항상 0이다.

12

전체는 부분들의 합보다 더 크다

만약에 "완전수"라는 용어가 수학에서 이미 사용되지 않았더라면, 12야말로 완전수라고 불려야 마땅하다. 대상 12개가 전체를 이루면, 그 전체는 아주 견고하고 명확해서 달리 대안을 생각할 수 없을 정도다. 12개의 대상 각각은 일차적으로 전체의 부분으로서 역할하며, 개별 대상으로서의 성격은 부차적으로 된다.

낮의 12시간, 1년의 12달, 황도 12궁, 원탁의 기사 12명, 반음계의 12음, 한마디로 하나의 전체를 이룬 12개의 대상이 모두 그러하다.

그리스 신화에 따르면 그리스에서 가장 높은 산인 올림포스에는 다음과 같은 올림포스 신들이 산다. 제우스, 포세이돈, 헤라, 데메테르, 아폴론, 아르테미스, 아테나, 아레스, 아프로디테, 헤르메스, 헤파이스토스, 헤스티아.

성경에는 12가 중요하게 자주 등장한다. 맨 처음은 야곱의 아들 12명이다. 그들의 후손이 이스라엘의 열두 지파를 이룬다. 그들을 본받아 예수의 제자 곧 사도도 12명이다. 솔로몬 왕의 관은 황금 사자 12마리로 장식되어 있었다. 요한계시록에는 천상의 예루살렘이 유토피아로서 등장하는데, 그 도시의 성곽은 주춧돌이 12개, 길이가 144(=12·12)규빗cubit, "성문 12개는 진주 12개였다." 한마디로 12는 신성한 배열 구조, 지상에 있는 신의 기호였다.

12가 등장하는 이 모든 사례에서, 혹시 부분들이 더 적거나 많아도 될까, 라는 질문은 전혀 떠오르지 않는다. 13시간이 표시되는 시계? 10달로 된 1년? 사도 14명? 상상하기 어렵다! 12개의 부분으로 된 전체에 몇 개의 부분을 추가하거나 빼서 11개나 14개의 부분으로 된 전체를 구성한다는 아이디어를 떠올리는 사람은 없다.

전체는 정확히 12개의 부분으로 이루어짐으로써 조화로우며 파괴할 수 없는 통일성을 획득한다.

왜 12는 이토록 강한 "완결성"을 띨까? 결정적인 이유는 12가 지닌 특별한 수학적 속성에 있다. 12는 놀랄 만큼 많은 수들로 나누어떨어진다. 모든 수가 그렇듯이 12도 1과 자기 자신으로 나누어떨어진다. 그러나 12는 2, 3, 4, 6으로도 나누어떨어진다. 1과 12 자신을 약수에 포함시키면, 12는 약수를 여섯 개나 지녔다. 12보다 앞에 나오는 어떤 수보다 더 많은 약수를 지닌 것이다.

이런 수를 "고합성수highly composite number"라는 약간 장황한 명칭으로 부른다. 고합성수는 말하자면 소수의 반대다. 소수는 약수를 가능한 최소 개수로 지닌 반면, 고합성수는 약수를 자기보다 작은 모든 수보다 더 많이 지녔다. 영국 수학자 G. H. 하디(1877-1947)는 고합성수는 소수와 심하게 다른데, 얼마나 심하게 다르냐면 "수가 소수와 다를 수 있는 최대한도만큼" 다르다고 말했다.

고합성수는 무한히 많다. 가장 작은 고합성수들은 1, 2, 4, 6, 12, 24, 36, 48, 60 등이다.

인도의 수학 천재 스리니바사 라마누잔(1887-1920)은 고합성수에 매료되었다. 고합성수의 비밀들을 밝혀내기 위해서 그는 수많은 고합성수와 그 소인수분해를 살펴보았다. 소인수분해를 살펴보는 것은 자연스러운 발상인데, 왜냐하면 한 수의 소인수분해를 보면 그 수의 모든 약수를 알 수 있기 때문이다. 아래 표는 고합성수와 그 소인수분해를 보여준다.

고합성수	6	12	24	36	48	60	720	1,680
소인수 분해	$2 \cdot 3$	$2^2 \cdot 3$	$2^3 \cdot 3$	$2^2 \cdot 3^2$	$2^4 \cdot 3$	$2^2 \cdot 3 \cdot 5$	$2^4 \cdot 3^2 \cdot 5$	$2^4 \cdot 3 \cdot 5 \cdot 7$

라마누잔은 우선 고합성수의 소인수분해에서 등장하는 소수를

주목했다. 그리고 2가 항상 등장한다는 사실을 발견했다. 3도 (1, 2, 4의 소인수분해에서만 제외하고) 항상 등장한다. 또한 고합성수의 소인수가 세 개라면, 그것들은 반드시 2, 3, 5다. 라마누잔은 이 사실을 더 일반화하여 다음 명제를 증명해냈다. 고합성수의 소인수들은 "빠짐없이" 등장한다. 예컨대 어떤 고합성수가 10개의 소인수를 지녔다면, 그 소인수들은 처음 10개의 소수들이다.

다음 단계로 라마누잔은 소인수에 붙은 지수를 주목했다.

임의의 자연수의 소인수분해에서 소인수의 지수는 1(이 경우에는 통상적으로 지수를 표기하지 않는다), 2, 3, 4 등이다. 예컨대 60의 소인수분해에서는 2의 제곱(지수 2), 3(지수 1), 5(지수 1)가 등장한다. 수식으로 적으면, $60 = 2^2 \cdot 3^1 \cdot 5^1$다.

더 정확히 말하면, 임의의 자연수는 소수들의 거듭제곱들의 곱이며, 따라서 $2^a \cdot 3^b \cdot 5^c \cdot 7^d \cdots$의 형태를 띤다. 이때 지수 $a, b, c, \cdots$이 따르는 일반적인 규칙은 없다. 그것들은 제멋대로다. 그러나 고합성수에서는 그 지수들이 크기의 역순으로 배열된다. 즉, 고합성수의 소인수분해에서는 2의 개수 이하의 3이 등장하고, 3의 개수 이하의 5가 등장하고 등등이다. 수식으로 적으면, $a \geq b \geq c \geq d \geq \cdots$이 성립한다.

～～～～～～

놀랍게도 12는 기하학에서도 중요하게 등장한다. 플라톤 입체들 중 하나는 정12면체, 즉 정오각형 12개로 이루어진 입체다. 정12면체는 마지막 플라톤 입체로, 고대의 원소인 물, 불, 흙, 공기와 관련지어지지 않았다. 이미 플라톤도 정12면체를 우주와 동일시했다. 생각할 수 있는 가장 큰 대상과 동일시한 것이다(《60: 최선의 수》참조).

검은색 정오각형들과 흰색 정육각형들로 이루어진 고전적인 축구공도 정확히 12개의 정오각형을 지녔다. 정오각형 각각이 5개의 꼭짓점을 지녔고, 정오각형 두 개가 꼭짓점을 공유하는 경우는 없으므로, 축구공의 꼭짓점은 총 12·5=60개다.

화학자들은 축구공 모양의 분자를 연구하는 과정에서 12의 비밀을 발견했다. 그들의 원래 질문은 이것이었다. 정확히 60개의 탄소원자로 이루어진 분자는 어떤 모양일까? 공들인 연구 끝에 미국과 영국의 공동 연구팀이 1985년에 그 C_{60} 분자가 축구공 모양임을 알아냈다. 아주 작은 축구공 모양인 그 분자의 꼭짓점 60개 각각에 탄소 원자 하나가 위치한다. 그런 식으로 60개의 탄소 원자가 안정적인 구조를 이룬다. 이 "축구공 분자"의 발견은 대단한 업적이어서, 해당 연구자들은 1996년에 노벨상을 받았다. 한마디 보태면, 그 연구자들은 C_{60} 분자를 "풀러렌Fullerene"으로 명명했다. 왜냐하면 그들이 풀러렌의 아이디어를 미국 건축가 벅민스터 풀러(1895-1983)에게서 얻었기 때문이다.

　과학자들은 또 다른 풀러렌들을 추가로 발견했다. 그것들은 탄소 원자 70개, 76개, 80개, 90개 등으로 이루어졌다. 이 분자들도 정오각형들과 정육각형들로 이루어진 3차원 입체다. 정육각형의 개수에 대해서는 일반적인 규칙을 말할 수 없지만, 정오각형의 개수는 항상 12개임을 우리는 안다. 가설로만 존재하는 새로운 풀러렌들에서도 마찬가지다. 그것들의 모양이 어떠하든 간에, 그것들은 정확히 12개의 정오각형을 지녔다.

　왜 그럴까? 화학적인 이유에서 모든 풀러렌은 정오각형들과 정육각형들로 이루어졌으며, 풀러렌에서 각각의 탄소 원자는 정확히 3개의 다른 탄소 원자와 결합한다. 이로부터 정오각형의 개수가 정확히 12개여야 함을 수학적으로 엄밀히 도출할 수 있다. 이것은 수학적 경이(驚異)다. 비록 우리가 증명할 수 있더라도 말이다.

13

공포의 수

1970년 4월 13일, 13시 13분에 발사된 우주선 아폴로 13호가 전설적인 비상 전화를 했다. "휴스턴, 문제가 생겼다."

숫자 13에 공포를 느끼는 모든 사람은 이 뉴스를 자신의 공포가 정당하다는 증거로 받아들였을 것이 틀림없다. 그들은 13이 불운을 가져온다고 확신한다. 13 공포증을 가진 사람들은 다음과 같은 상황에서 안도의 한숨을 내쉰다.

- 건물에 13층이 없고, 12층 다음에 12A층이 이어질 경우.
- 열차에서 12호 차에 곧바로 14호 차가 연결되어 있을 경우.
- 비행기 좌석에 13열이 없을 경우.
- 호텔이나 심지어 병원에 13호실이 없을 경우.
- 13일의 금요일에 시험을 치르지 않아도 될 경우.

그들은 열세 명으로 구성된 모임도 미심쩍게 본다. 그래서 19세기에서 20세기로 넘어오는 전환기(이른바 "세기말Fin de Siécle")에 파리에는 짭짤한 돈벌이가 하나 있었다. 열세 명만 참석하게 된 꺼림칙한 모임에 돈을 받고 추가로 끼어드는 사람들이 있었다. 그들(이른바 "열네 번째 사람Quatorzieme")의 일은 모임의 인원을 열네 명으로 늘리는 것이었다. 반대로 숫자를 줄이는 경우도 있었다. 작곡가 아르놀트 쉰베르크(1874-1951)는 자신의 오페라 「모세와 아론 Moses und Aaron」이 철자 열세 개로 이루어진 것을 발견하고 "a" 하나를 없애 「Moses und Aron」으로 개명했다. 현대 과학을 통해 계몽된 사람이라면 누구나 그런 13에 대한 미신에는 어떤 객관적 근거도 없다고 반발할 것이다. 다른 층보다 13층에서 사고가 더 많이 나는 것도 아니고, 13호실 투숙객이 다른 손님들보다 잠을 더 잘 자거나 잘못 자는 것도 아니다. 마침 금요일인 13일에도 세상은 평소와 똑같이 돌아간다.

그러나 13은 왠지 특별한 역할을 한다. 우리는 자문한다. 13과 불운의 연관성은 혹시 13이라는 수의 속성에서 유래할까? 이 질문에 대답할 때는 조심할 필요가 있다. 왜냐하면 13이 시대와 문화를 막론하고 불운의 수인 것은 아니기 때문이다.

13은 너무 뻔하게 느껴지는 외적인 속성을 하나 지녔는데, 그것은 12 다음에 나오는 수라는 것이다. 수식으로 표현하면 13=12+1이다. 그런데 바로 이 사소한 속성이 13의 특별한 지위를 이해하는 열쇠다.

13과 12+1이 같다는 사실을 두 가지 관점에서 해석할 수 있다.

첫째, 긍정적 관점에서 13은 12를 1만큼 능가하고 따라서 12의 완전성마저 능가한다고 해석할 수 있다. 12가 13으로 되는 것은 중대한 성장이다. 이 사실을 모임의 열세 번째 구성원이 특별히 돋보이는 것에서 확인할 수 있다. 예수와 열두 제자를 생각해보라. 아서 왕과 원탁의 기사 열두 명도 마찬가지다.

미하엘 엔데의 『짐 크노프와 야생의 13Jim Knopf und die Wilde 13』에 등장하는 해적 집단인 "야생의 13"은 이렇게 주장한다. "우린 늘 열두 명이었어. 그리고 한 명은 대장이었지. 그래서 총 열세 명이야." 그러나 '리 지 공주'가 다시 세어보니, 열두 명이 전부다. 그리하여 "야생의 13"은 전혀 야생적이지 않은 열두 명으로 된다.

그러나 13과 12+1의 같음은 흔히 12+1=13으로 해석된다. 무슨 말이냐면, "이미 열둘이 있는데 추가로 하나라도 끼어들면, 12의 완벽한 내적 조화가 파괴된다"라는 뜻으로 해석된다. 더구나 13은 소수여서 다루기가 특히 까다로운데다가 조화로운 12와 전혀 타협하지 않기 때문에 인상이 더 나빠진다.

이 같은 13의 불길한 느낌은 그림 형제의 동화 『잠자는 숲속의 공주』에서 뚜렷한 역할을 한다. 왕은 딸의 탄생을 축하하는 잔치에 지혜로운 여자("마녀") 13명 가운데 12명만 초대한다. "왜냐하면 그들에게 대접할 음식을 담을 황금 접시가 열두 개뿐이었기 때문이다." 하지만 잔치 도중에 열세 번째 여자가 들이닥쳐 신생아에게 저주를 내린다. 그리하여 불운이 시작된다.

이 같은 13의 불길함은 독일어에서 열세 번째 대상을 "악마의 12Teufelsdutzend"라고 부르는 것에서 표현된다.

13이라는 수가 부정적 의미를 가진 이유로 흔히 거론되는 것은 예수의 최후의 만찬에 배신자 유다까지 포함해서 열세 명이 참석했다는 사실이다. 그러나 이 미신적인 설명은 중세에 비로소 생겨났다. 게다가 최후의 만찬에 관한 성경의 서술에서는 13이 전혀 언급되지 않는다. 실제로 13은 『신약성경』, 곧 예수를 다루는 성경의 부분에서 단 한 번도 등장하지 않는다. 더 정확히 말하면, 13은 『신약성경』에 등장하지 않는 가장 작은 수다.

~~~~~~~~~~

미국 동부에서는 가끔씩 여름에 난리가 난다. 하루아침에 매미 수백만 마리가 나타난다. 미식가들에게는 좋은 소식이다. 버터와 파슬리로 양념하여 볶거나 마늘과 함께 구운 매미는 대단한 별미로 통하기 때문이다. 고양이도 한동안 놀고먹는 삶을 누린다. 입을 벌리고 조금만 기다리면 맛난 먹이가 입안으로 날아드니까 말이다. 그러나 대다수 사람들에게 그 많은 매미는 견디기 어려운 골칫거리다. 많아도 너무 많다. 길 위의 매미 사체를 쓸어내야 한다. 게다가 너무 시끄럽다. 잔디 깎는 기계만큼 요란한 소음인데, 밤낮을 가리지 않는다. 또 많은 이들에게 매미는 그냥 혐오스럽다.

보름쯤 지나면 모든 소동이 끝난다. 매미들은 닥치는 대로 먹어 치우면서 엄청나게 번식했다. 애벌레들은 땅속으로 돌아갔다. 남은 것은 거대한 더미로 쌓인 매미 사체들이다. 비와 쓰레받기와 진공청소기를 동원하지 않을 수 없다.

이제 사람들은 다시 안도의 한숨을 쉴 수 있다. 매미들은 떠났고 앞으로 몇 년 동안은 나타나지 않을 것이기 때문이다. 내년에도, 후년에도, 내후년에도 나타나지 않을 것이다. 물론 언젠가는 다시 나타난다. 아니, 막연히 언젠가가 아니라 정확히 13년 뒤다!

13이라고? 왜 하필 13인가? 매미가 13을 셀 수나 있을까? 반드시 13인 것은 아니다. 17년마다 나타나는 매미 종도 있고, 7년마다 나타나는 종도 있다. 13, 17, 7은 모두 소수다. 그리고 매미들이 소수 주기로 등장하는 것은 우연이 아니다. 그 주기를 지킴으로써 녀석들은 생존 확률을 엄청나게 높인다.

어떤 매미 종이 12년 주기로 나타난다고 해보자. 또 매미를 잡아먹는 어떤 동물 종이 매년 나타나지는 않고 2년마다 나타난다고 가정하자. 그 동물 종이 올해 매미를 실컷 먹었다면, 12년 뒤에 매미가 다시 나타날 때도 실컷 먹게 될 것이다.

매미의 천적 종이 4년마다 나타난다면, 매미의 생활 주기에서 4년 차와 8년 차에 그 종은 근근이 먹고살아야 할 것이다. 그러나 12년 차에 매미들이 다시 떼로 나타나면, 그 천적 종도 때맞춰 나타나 맛난 매미를 실컷 먹게 될 것이다. 매미의 입장에서는 아주 고약

한 일이다. 땅 위로 올라올 때마다 잡아먹히게 될 테니까 말이다.

그러나 매미가 12년이 아니라 13년을 주기로 삼는다고 해보자. 포식자들이 4년 주기로 나타난다면, 올해 만난 매미와 포식자는 52년 뒤에야 다시 만나게 된다. 따라서 적어도 13년 뒤, 26년 뒤, 39년 뒤에 매미는 방해받지 않고 번식할 것이다.

그러므로 이런 결론을 내릴 수 있다. 설령 12년 주기 매미가 과거에 존재했더라도, 진화 과정에서 그 매미는 벌써 오래전에 멸종했다. 반면에 13년 주기 매미는 오늘날에도 떼로 나타난다.

14

B+A+C+H

각각의 수에 단어를 대응시킴으로써 "객관적" 의미를 부여할 수 있다. 가장 간단한 방법은 이러하다. 알파벳의 철자 각각을 수와 짝지어라. A=1, B=2, C=3 등으로 말이다. 알파벳 철자 26개에서 I와 J를 동일시하고 U와 V를 동일시하면서 모든 철자들을 수들과 짝지으면 아래 표를 얻을 수 있다.

A =1	D =4	G =7	K =10	N =13	Q =16	T =19	X =22
B =2	E =5	H =8	L =11	O =14	R =17	U,V =20	Y =23
C =3	F =6	I,J =9	M =12	P =15	S =18	W =21	Z =24

요한 제바스티안 바흐(1685-1750)의 시대에는 이런 표들이 널리 알려져 있었으며 이름을 비롯한 단어의 수 값을 결정하는 데 쓰였다. 단어의 수 값을 결정하려면 개별 철자들의 수 값을 더해야 한다. 따라서 "BACH"(바흐)라는 이름의 수 값은 B+A+C+H=2+1+3+8=14다. 한편, "J. S. Bach"의 값은 J+S+B+A+C+H=41이다. 그런데 41은 14를 역순으로 적은 것과 같다.

사람들은 14와 41의 등장을 주목하면서 바흐의 음악을 분석하여 그 수들을 발견하는 데 성공했다.

주목할 만한 발견은 바흐가 미완성으로 남긴 마지막 작품 「푸가의 기법Kunst der Fuge」이다. 그 작품은 한 대목에서 갑자기 중단되는데, 그 대목에서 베이스의 멜로디는 b-a-c-h♦다.

바흐는 자기 이름의 철자들이 음들의 이름이기도 함을 틀림없이 알았다. 그러나 그는 b-a-c-h 멜로디를 이 마지막 푸가에서야 처음으로 사용했다. 연작 형식의 이 작품은 합창곡 「나는 이렇게 당신의 왕좌 앞으로 나아갑니다Vor deinen Thron tret ich hiermit」의 단순한 변형으로 종결된다. 바흐는 임종의 자리에 누운 채로 그 부분을 사위에게 불러주어 적게 했다고 한다. 그런데 음표들을 세어보면, 놀라운 사실들을 발견하게 된다. 그 멜로디는 정확히 41개의 음으로 되어 있으며, 첫 행의 음은 14개다. 그리고 멜로디의 마지막 긴 음은 정확히 14박 동안 지속된다.

♦ 영어 표기법으로는 b플랫, a, c, b.

대략 기원전 4세기부터 그리스인은 수를 철자로 나타내는 체계적인 방법을 개발했다. 1의 자릿수, 10의 자릿수, 100의 자릿수의 구별은 이미 통상적이었으므로, 첫 철자 아홉 개로는 1, 2,···, 9를 나타내는 것이 자연스러웠다. 따라서 A=1, B=2, Γ=3 등이었다. 그 다음 철자 아홉 개는 10의 자릿수들을 나타냈다. 즉, I=10, K=20, Λ=30,···, 90이었다. 마지막으로 100의 자릿수들을 표현하기 위해서 또 아홉 개의 철자가 필요했다. P=100, Σ=200, T=300,···, 900이었다. 그리하여 예컨대 ΣΛA는 231을 뜻했다.

그리스어 알파벳은 철자가 24개뿐이었으므로, 철자 3개를 추가로 도입해야 했다. 그것들은 6을 나타내는 디감마Digamma, 90을 나타내는 코파Koppa, 900을 나타내는 삼피Sampi다.

이로써 모든 철자가 자동으로 수 값을 가지게 되었고, 단어에도 수를 대응시키는 것이 자연스러워졌다. 한 단어에 대응하는 수는 개별 철자들의 수 값의 총합이었다. 예컨대 '헥토르ΕΚΤΩΡ'라는 이름은 수 E+K+T+Ω+P=5+20+300+800+100=1,225와 동일시되었다. 마찬가지로 모든 그리스인은 '아킬레우스ΑΧΙΛΛΕΥΣ'라는 이름을 들으면 수 A+X+I+Λ+Λ+E+Y+Σ=1+600+10+30+30+5+400+200=1,276을 생각했다. 1,276은 1,225보다 크므로, 아킬레우스가 트로이의 영웅 헥토르보다 전투를 더 잘 하리라는 것은 명백했다.

이와 유사한 "철자-수 대응법Gematria"은 중세에도 라틴어 철자에 기초하여 개발되었다. 사람들은 예컨대 '지크프리트Siegfried'가 '하겐Hagen'보다 더 강하다는 것을 "계산해냈다."

히브리어에서도 모든 철자와 단어가 수 값을 가진다. 유대교 신학에서는 기원후 1세기부터 신비로운 관련성을 탐구하기 위하여 단어들의 수 값을 이용했다. 특히 두 단어 혹은 개념의 수 값이 같으면 둘 사이에 내적인 관련이 있다고 일부 신학자들은 확신했다.

예컨대 단어 "강함Stärke"과 "사자Löwe"는 수 값이 216으로 같은데, 이는 필연적이다. 왜냐하면 사자는 강함을 상징하니까 말이다. 더 나아가 히브리어에서 아담=45, 하와=16이다. 두 값의 차이는 26인데, 26은 신의 이름인 "야훼"의 수 값이다.

17

가우스 수

1796년 4월 18일 『일반 문예신문 알림면Intelligenzblatt der allge-
meinen Literaturzeitung』에 "새로운 발견"이라는 제목 아래 다음과
같은 글이 실렸다. "기하학의 초심자라도 다 알듯이, 다양한 정다
각형을 작도할 수 있다. 즉, 정삼각형, 정사각형, 정15각형, 그리고
변의 개수가 이것들의 배수인 정다각형들을 작도할 수 있다. 여기
까지는 이미 유클리드의 시대에 알려진 바였으며, 그 후로 사람들
은 기초 기하학의 영역을 더 넓힐 수는 없다고 믿어온 듯하다. 저
정다각형들 외에 정17각형을 비롯한 다른 많은 정다각형을 작도
할 수 있다는 발견은 그렇기에 더욱더 주목받을 자격이 있다." 명
쾌하고 자신감 있게 작성된 이 글의 저자는 "괴팅겐 대학교 수학
과 학생, 브라운슈바이크에 사는 C. F. 가우스"다.

그 글에는 E. A. W. 침머만 교수가 쓴 부록도 붙어 있는데, 그는

브라운슈바이크에 있는 콜레기움 카롤리눔Collegium Carolinum에서 가르치는 수학 교수였다. "이를 언급할 필요가 있는데, 가우스 씨는 현재 18세이며 여기 브라운슈바이크에서 고급 수학에 못지않게 철학과 고전학에도 몰두하며 좋은 성과를 내고 있다."

실제로 그 글은 역사를 통틀어 가장 위대한 수학자들 중 하나로 꼽아야 할 카를 프리드리히 가우스(1777-1855)가 쓴 것이다. 정17각형의 작도는 그의 탁월한 능력을 보여주는 최초의 성취였다. 그 작도는 해당 분야에서 2,000여 년 만에 처음으로 이루어진 진보였다. 그 작도는 "아직 완성되지 않은 더 광범위한 이론의 따름정리◆에 불과하다"고 가우스는 알렸고, 그래서 그것은 더 대단한 성과였다.

가우스는 대체 어떻게 그 성과에 이르렀을까? 그는 원과 직선을 그려가며 복잡한 도형들을 작도하지 않았다. 그는 단지 수학적 문제들을 숙고했다! 훗날 가우스는 이렇게 설명했다. "공들인 숙고를 통해… 나는 브라운슈바이크에서 휴가를 보내던 어느 날[1796년 3월 29일] 아침에 … (침대에서 일어나기도 전에) 운 좋게도 이 관련성을 더없이 명확하게 통찰했다. 그리하여 나는 그 관련성을 정17각형에 적용한 특수한 정리와 수학적 증명을 즉석에서 완성할 수 있었다."

◆ 어떤 명제나 정리로부터 옳다는 것이 쉽게 밝혀지는 다른 명제나 정리.

가우스가 신문에 발표한 글의 첫머리에 쓴 내용은 오늘날에도 여전히 옳다. 학교에서 사람들은 정사각형, 정삼각형, 정육각형을 작도하는 법을 배운다. 정오각형의 작도는 약간 더 어렵지만 여전히 기초적인 수준이다. 정n각형을 작도할 수 있으면, 정2n각형도 작도할 수 있다. 정n각형에 외접한 원을 그리고, 인접한 두 꼭짓점 사이의 원호를 이등분하면 된다. 따라서 꼭짓점이 6, 12, 24,⋯개인 정다각형과 10, 20, 40,⋯개인 정다각형을 작도할 수 있다.

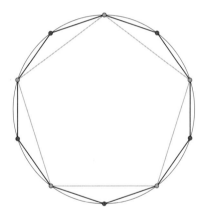

마지막으로, 정삼각형과 정오각형을 기반으로 삼으면 정15각형도 작도할 수 있다. 하지만 이를 위해서는 발상의 전환이 필요하다. 우선 모든 정다각형은 외접원을 가진다는 점을 상기하자. 외접원이란 정다각형의 모든 꼭짓점이 그 위에 놓이는 그런 원이다. 정삼각형을 그 외접원의 중심점에서 바라보면, 인접한 두 꼭짓점 사이의 각은 항상 120도다. 마찬가지로 정오각형을 그 외접원의 중심점에서 바라보면, 정오각형의 인접한 두 꼭짓점 사이의 각은 항상 360/5도, 즉 72도다. 따라서 120도와 72도는 작도할 수 있다. 그러므로 각들의 덧셈과 뺄셈을 통해 2·120- 3·72=24도도 작도할 수 있다. 그런데 15·24=360이므로, 정십오각형의 외접원의 중심점에서 보았을 때 인접한 두 꼭짓점 사이의 각은 정확히 24도다. 그러므로 우리는 원 위에 점 15개를 찍되, 인접한 두 점이—원의 중심점에서 보았을 때의 각으로—24도를 이루도록 찍을 수 있다. 그 점들을 직선으로 연결하면 정15각형이 그려진다.

여기까지가 전부일까, 아니면 다른 정다각형의 작도도 가능할까? 여기까지가 전부라면, 왜 그럴까? 가우스의 발견에서 놀라운 점은 단지 정17각형을 작도해낸 것이 아니었다. "더 광범위한 이론"을 통해서 그는 원을 그리는 컴퍼스와 직선을 긋는 자만으로 작도할 수 있는 정n각형의 n값들을 정확히 제시했다.

가우스의 이론에서 결정적인 한걸음은 다음과 같은 깨달음이다. 'p가 소수일 때 정p각형의 작도가 가능하려면, p-1이 2의 거듭제곱이어야 한다.' p-1이 2의 거듭제곱인 p의 예로, p=3(3-1=2^1), p=5(5-1=2^2), p=17(17-1=2^4)이 있다. 이런 형태의 다음 소수들은 p=257(257-1=2^8), p=65,537(65,537-1=2^{16})이다. 2^s+1 형태의 소수를 일컬어 "페르마 소수"라고 한다. 이 명칭은 피

에르 드 페르마(1607-1665)에게서 유래했다. 모든 페르마 소수 p
에 대해서 정p각형을 작도할 수 있다. 또한 페르마 소수가 아닌 소
수 p에 대해서는 정p각형의 작도가 불가능하다(《65,537: 궤짝 안의
수》 참조).

끝으로 거의 스캔들이라고 할 만한 사실을 일러둔다. 오늘날까
지 엄청난 노력이 있었음에도, 방금 열거한 페르마 소수 다섯 개
외에 또 다른 페르마 소수가 존재하는지는 아직 밝혀지지 않았다.

21

토끼와 해바라기

1202년에 '피보나치(보나치의 아들)'라는 이름으로 잘 알려진 이탈리아 수학자 레오나르도 다 피사Leonardo da Pisa는 『계산 책Liber Abaci』이라는 제목의 저서를 출판했다. 이 기념비적인 책에서 피보나치는 십진법의 유용성을 강조한다. 십진법이 계산에서 엄청나게 유용함을 보여주기 위하여 피보나치는 수많은 연습문제를 내고 푼다.

그중 한 문제가 발휘한 영향력은 나머지 책 전체를 완전히 빛바래게 하고 피보나치라는 이름을 불멸의 지위에 올려놓았다. 그러나 피보나치는 그 연습문제의 정답인 수들이 이미 오래전에 탐구되었다는 사실도 몰랐고, 그 수들이 수학 안팎에서 얼마나 큰 중요성을 얻게 될지도 전혀 몰랐다.

그 연습문제는 "토끼 문제"로 불리며 내용은 이러하다. "어떤 사람이 토끼 한 쌍을 울타리로 둘러싸인 곳에서 키운다. 만일 그 토끼들이 매달 한 쌍의 새끼를 낳고, 그 새끼 쌍들도 한 달 동안 성장한 뒤부터 매달 한 쌍의 새끼를 낳는다면, 1년 뒤에 토끼는 몇 쌍으로 늘어날까?"

아무리 좋게 보려 해도 이 문제로 무엇을 하자는 것인지 알 길이 없다. 오히려 정반대라는 생각이 든다. 현실과 매우 동떨어진 전형적인 탁상공론식 문제로 느껴진다. 일단 토끼가 엄격한 일부일처제를 유지한다는 전제부터 말이 안 된다. 문제에 등장하는 토끼 쌍은 엄격한 일부일처제를 유지하면서 매달 한 쌍의 새끼를 낳고, 그 새끼 쌍도 평생 일부일처제를 유지한다. 아이들도 다 알듯이, 이것은 실제 토끼의 번식 행태와는 전혀 상관없는 허구적인 설정이다. 그러나 이 설정은 계산을 가능케 한다.

계산을 위해 달력을 참조하자. 첫째 쌍이 12월 31일에 태어난다고 상상하라. 그러면 한 달 뒤인 1월 31일에도 토끼는 여전히 한 쌍뿐일 것이다. 그러나 2월 말이 되면 그 첫째 쌍이 새끼 한 쌍을 낳아, 총 두 쌍의 토끼가 있을 것이다.

3월에 첫째 쌍은 또 한 쌍을 낳지만, 둘째 쌍은 아직 성장 중이어서 새끼를 낳지 못한다. 따라서 3월 말에는 토끼 3쌍이 있다. 4월 말에는 첫째 쌍과 둘째 쌍이 각각 새끼 한 쌍을 낳고, 셋째 쌍은 아직 성장 중이다. 따라서 4월 말에는 토끼가 다섯 쌍으로 늘어난다.

월	1월	2월	3월	4월	5월
월말 토끼 쌍의 수	1	2	3	5	8
월말 새끼 쌍의 수	0	1	2	3	5

　일반화해서 말하면 이러하다. 월말에는 첫째, 전달에 살던 토끼들이 여전히 산다. 그리고 둘째, 새로 태어난 새끼들이 추가된다. 그런데 생후 1개월 이상인 토끼들만 새끼를 낳는다. 따라서 새끼 쌍의 수는 전전달에 살던 토끼 쌍의 수와 같다. 그러므로 이런 결론이 나온다. 토끼 쌍의 수는 전달에 살던 토끼 쌍의 수 더하기 전전달에 살던 토끼 쌍의 수와 같다.

　바꿔 말하면 이러하다. 각각의 수("토끼 쌍의 수")는 앞선 수 두 개의 합과 같다. 따라서 수열은 1, 2, 3, 5, 8, 13, 21, 34, 55, 89, 144, 233, …이다. 이것이 근본적으로 토끼와 상관없는 피보나치수열의 정의다.

　1877년에 프랑스 수학자 에두아르 뤼카는 위 수들을 "피보나치수"로 명명했고, 이 명칭은 그대로 굳어졌다. n번째 피보나치수를 f_n으로 표기하면, 피보나치수들이 따르는 규칙을 다음 공식으로 표현할 수 있다.

$$f_n + f_{n-1} = f_{n+1}$$

　당연한 말이지만, 피보나치의 토끼 문제는 실제 토끼 쌍의 번식을 다루기에는 부적합하다. 그러나 피보나치수들은 자연에서 실제로 등장한다. 그것도 명백하고 의심의 여지가 없으며 매우 중요한 방식으로 등장한다. 그러나 무대는 동물계가 아니라 식물계다.

한 예로 성숙한 해바라기꽃을 보자. 그 꽃은 무수한 씨들이 꽃잎들에 둘러싸인 채 "모종의 방식으로" 배열되어 있는 형태다. 중요한 것은 그 배열이다. 그 배열은 동심원들이 아니며 방사선들도 아니다. 해바라기꽃의 씨들은 중심에서 바깥쪽으로 휘감아 뻗어나가는 "나선들"을 따라 배열되어 있다. 더 정확히 말하면 이러하다. 오른쪽으로 도는 나선들이 있고 왼쪽으로 도는 나선들이 있다. 그리고 결정타는 이것인데, 우회전 나선의 수와 좌회전 나선의 수를 세어보면, 그 두 수는 잇따른 피보나치수들이다! 일반적으로 그 두 수는 21과 34인데, 모든 해바라기꽃에서 우회전 나선의 수와 좌회전 나선의 수는 항상 잇따른 피보나치수들이다.

이 현상은 자연에서 흔히 등장한다. 솔방울의 비늘도 나선으로 배열되어 있다. 파인애플의 비늘(과거의 꽃이 비늘로 된다), 많은 선인장의 바늘 등도 마찬가지다. 이 배열들에서 우회전 나선의 수와 좌회전 나선의 수는 항상 잇따른 피보나치수들이다. 솔방울에서는 예컨대 8과 13이 발견된다.

왜 그럴까? 이제껏 거론한 모든 식물은, 어떻게 하면 구조를 보존하면서 성장할 수 있을까, 라는 과제를 해결해야 한다. 예컨대 해바라기꽃들은 크기가 제각각이지만 구조는 모두 같다. 이를 가능하게 하려고 자연은 새로 생겨나는 씨들이 기존 패턴에 완벽하게 편입되도록 만들었다. 해바라기꽃의 씨들이나 솔방울의 비늘들이 형성하는 피보나치 패턴은 식물이 다양한 상황에 유연하게 적응할 수 있기 위해 채택한 방안이다. 해바라기꽃이 좋은 환경에서 피면 크게 성장한다. 열악한 환경에서 핀 해바라기꽃은 약간 더 작은 크기로 머무른다. 이 유연성은 자연선택 아래에서 확실한 장점이다. 만약에 식물이 엄격한 규칙을 따른다면 열악한 환경에서는 아예 죽어버릴 테니까 말이다.

~~~~~~~~~~

수학적 관점에서 보면, 피보나치수는 진정한 만능 재주꾼이다. 피보나치수는 믿기 어려울 만큼 많은 속성들을 지녔으며, 그 속성들은 지금도 연구되고 있다. 오로지 피보나치수만 다루는 저널이 있을 정도다. 피보나치협회의 기관지인 그 저널의 제목은 『계간 피보나치 The Fibonacci Quaterly』다.

피보나치수의 경이로운 속성 몇 가지를 살펴보자.

- 우리 집에는 단이 10개 있는 계단이 있다. 나는 한걸음에 한 단이나 두 단을 오르므로, 계단 꼭대기에 도달하는 방법은 여러 가지다. 과연 얼마나 많은 가능성이 있을까? (첫째 단에 오르는 방법은 하나뿐이고, 둘째 단에 오르는 방법은 두 가지다. 열째 단에 오르려면 어떻게 해야 할까? 아홉째 단에서 작게 한 걸음 내딛거나 여덟째 단에서 크게 한 걸음 내딛으면 된다. 따라서 n째 단에 오르는 방법의 수는 피보나치수이며, 문제의 정답은 89다.)

- 잇따른 피보나치수 두 개의 제곱들을 더하면 다시 피보나치수가 나온다. 예컨대 $3^2+5^2=34$다.

- 잇따른 피보나치수 세 개를 가지고 두 가지 계산을 하자. 즉, 우선 첫째 수를 셋째 수와 곱하고, 그다음에는 둘째 수를 제곱하자. 그러면 두 계산의 결과가 거의 같게 나온다. 정확히 말하면, 두 결과의 차이가 정확히 1이다. 한 예로 8, 13, 21을 보자. $8 \cdot 21 = 168$, $13^2 = 169$다.

- 잇따른 피보나치수 여섯 개를 더하면, 어떤 피보나치수에 4를 곱한 값이 나온다. 예컨대 $2+3+5+8+13+21=52=4 \cdot 13$이다.

23

역설적인 생일의 수

주사위를 몇 번 던져보라. 이를테면 여섯 번. 내가 직접 했을 때 나온 값들은 4, 2, 3, 2, 2, 6이었다. 놀랍게도, 모든 값이 다 나오지 않았다. 1과 5는 나오지 않았다. 대신에 주사위는 이미 낸 값을 반복해서 냈다. 내가 주사위를 네 번 던졌을 때 벌써 2가 두 번 나왔다. 그리고 다섯 번째 던지기에서 또 2가 나왔다.

당신의 던지기 결과는 아마 달랐을 것이다. 아마도 첫째 던지기에서 4가 나오지 않았을 것이다. 아마도 2가 아니라 다른 값이 여러 번 나왔을 것이다. 아마도 네 번째 던지기보다 더 먼저, 혹은 다섯 번째나 여섯 번째 던지기에서야 비로소 같은 값의 중복이 발생했을 것이다. 주사위 던지기에서는 온갖 결과가 나올 수 있다. 그러나 나는 이것만큼은 상당한 정도로 확신한다. '당신의 주사위 던지기 실험에서는 결과의 중복이 최소한 한 번 발생했을 것이다.'

내가 천리안이나 뭐 그런 신비로운 능력을 지녔기 때문에 확신하는 것이 아니다. 수학이 그렇게 하라고 일러주기 때문에 확신하는 것이다. 바꿔 말해, 주사위를 네 번만 던져도 결과의 중복이 발생할 확률이 매우 높음을 수학적으로 증명할 수 있다.

그 확률을 계산하기 위해서 우선 주사위 네 번 던지기에서 결과의 중복이 발생하지 않을 가능성의 개수를 세어보자. 첫째 던지기에서는 6개의 값 가운데 아무것이나 나와도 된다. 즉, 6개의 가능성이 있다. 둘째 던지기에서는 5개의 값 가운데 하나가 나와야 한다. 왜냐하면 첫째 값과 중복되지 않는 값이 나와야 하기 때문이다. 마찬가지로 셋째 던지기에서는 첫째 값과 둘째 값을 제외한 4개의 가능성, 넷째 던지기에서는 3개의 가능성이 있다. 따라서 총 6·5·4·3개의 가능성 조합에서 결과의 중복이 발생하지 않는다. 곱셈해보면, 우리가 구하려는 가능성의 개수가 360개라는 결론이 나온다.

그런데 주사위 네 번 던지기에서 나올 수 있는 결과 조합의 총수는 6·6·6·6=1,296개이다. 따라서 주사위 네 번 던지기에서 결과의 중복이 발생하지 않을 확률은 360/1,296, 대략 0.278이다. 뒤집어 생각하면, 주사위 네 번 던지기에서 결과의 중복이 최소한 한 번 발생할 확률은 72.2퍼센트에 달한다. 즉, 모든 시도의 거의 4분의 3에서 결과의 중복이 발생한다.

물론 운이 좋으면 주사위 여섯 번 던지기에서 제각각 다른 결과가 나올 수도 있다. 그러나 그런 행운은 드물다. 정확히 말해서, 발생 확률이 약 1.5퍼센트다(이 결론을 위와 유사한 계산으로 얻을 수 있다).

어느 모임에 참석한 사람들 가운데 생일이 겹치는 사람들이 있다는 쪽에 도박을 거는 것이 합리적이려면, 참석자가 얼마나 많아야 할까? 이 문제는 1930년대에 오스트리아 수학자 리하르트 폰 미제스(1883-1953)가 최초로 낸 것으로 보인다. 이 문제와 정답은 빠르게 퍼져나갔고 얼마 지나지 않아 "생일 역설"이라는 명칭을 얻었다. 왜냐하면 정답이 수학자들이 보기에도 놀랍기 때문이다. 정답은 23명이다.

참석자가 23명 이상인 모임에서 생일이 겹치는 사람들이 나올 확률은 50퍼센트보다 더 높다. 물론 참석자가 딱 23명이라면, 그 확률은 50퍼센트보다 약간 더 높은 50.7퍼센트다. 그러나 참석자가 늘어나면 생일의 중복이 발생할 확률이 급격히 상승한다. 참석자가 30명이면, 그 확률은 70퍼센트, 50명이면 놀랍게도 97퍼센트로 치솟는다.

- 예컨대 축구 시합이 벌어질 때 경기장 안에 있는 사람은 23명이다. 각 팀의 선수 11명과 심판 1명. 그들 가운데 생일이 겹치는 사람들이 있을 확률은 대략 50퍼센트다.
- 일반적인 학급의 학생 수는 23명 이상이며 대개 25명에서 30명 사이다. 따라서 한 학급에 생일이 겹치는 학생들이 있는 경

우는 상당히 흔하다. 학급의 학생 수가 50명이라면, 생일이 겹치는 학생들이 거의 확실히 있다.

정말 역설이 아닐 수 없다. 제각각 다른 생일 23개를 대는 것은 식은 죽 먹기다. 예컨대 임의의 달의 1일부터 23일까지를 대면 된다. 그러나 생일과 상관없이 선정된 사람들의 집단을 살펴보면, 생일 역설의 위력이 나타난다.

어떤 현상이 "역설적"이라 함은 그 현상이 전혀 그럴싸하지 않게 느껴지는데 그럼에도 진실이라는 뜻이다. 생일 역설이 진실임을 어떻게 확인할 수 있을까? 방금 주사위 던지기를 논할 때와 같은 원리로 따져보면 된다. 면이 365개 있는 거대한 주사위를 23번 던진다고 상상해도 좋겠다. 문제는, 그 주사위 던지기에서 결과의 중복이 발생할 확률이 얼마냐 하는 것이다.

다시 생일을 거론하면서 논증을 펼치면 이러하다. 제각각 다른 생일 23개의 조합의 개수는 $365 \cdot 364 \cdot 363 \cdot \cdots$(총 23개의 항이 곱셈됨), 모든 가능한 생일 23개의 조합의 개수는 $365 \cdot 365 \cdot 365 \cdot \cdots$(역시 23개의 항이 곱셈됨)다. 따라서 23개의 생일이 제각각 다를 확률은 첫째 곱셈 $365 \cdot 364 \cdot 363 \cdot \cdots$의 결과를 둘째 곱셈 $365 \cdot 365 \cdot 365 \cdot \cdots$의 결과로 나눈 값과 같다.

계산해보면 0.493이 나온다. 즉, 23명으로 구성된 집단 안에 생일이 겹치는 사람들이 없을 확률은 49.3퍼센트다. 바꿔 말해, 그

집단 안에 생일잔치를 같은 날에 하는 사람들이 있을 확률은 50.7
퍼센트다.

~~~~~~~~~~

"바이오리듬"은 20세기 초에 베를린의 의사 빌헬름 플리스(1858-
1928)와 빈의 심리학자 헤르만 스보보다(1873-1963)에 의해 각
각 독립적으로 발명되었다. "바이오리듬"의 기반에 깔린 발상은,
인간이 출생하면서부터 23일 주기의 "신체" 리듬과 28일 주기의
"감정" 리듬이 시작된다는 것이다(나중에 33일 주기의 "지성" 리듬이
추가되었다). 이 리듬들이 중첩되어 개인의 바이오리듬을 이룬다.
(굳이 덧붙이자면, 이 주기적 리듬들도, 정확한 주기들도 경험적으로 입증되지
않았다.)

플리스는 지그문트 프로이트의 가까운 친구였으므로, 23일 주
기의 리듬과 28일 주기의 리듬에 관한 소식은 정신분석의 발명자
인 프로이트에게도 전해졌다. 프로이트는 23이라는 수와 28이라
는 수에 특별히 매혹되었다. 왜냐하면 그 수들로 다른 많은 중요한
수들을 표현할 수 있음을 깨달았기 때문이다. 예컨대 프로이트는
많은 유명인이 51세에 사망한다고 느꼈는데, 51이 23+28이라는
사실이 그 느낌이 옳음을 입증한다고 여겼다. 게다가 프로이트에
게 매달 13일은 행운의 날이었다. $13 = 3 \cdot 23 - 2 \cdot 28(=69-56)$이므
로, 13일에 행운이 찾아오는 것은 놀라운 일이 아니라고 그는 생

각했을지도 모른다.

　프로이트가 23과 28에 그토록 중요한 의미를 부여한 또 다른 이유는, 그가 틀림없이 천재적인 인물이었지만 수학자와는 거리가 영 멀었다는 점에 있을 수도 있다. 간단한 수학적 고찰 두 가지만 해봤더라도 그는 그 수들에 실망하면서 냉정을 되찾을 수밖에 없었을 것이다.

　첫 번째 실망스러운 사실은 23과 28로 흥미로운 수들뿐 아니라 모든 수를 표현할 수 있다는 것이다. 예컨대 $7=6 \cdot 28-7 \cdot 23$이며, $1=11 \cdot 23-9 \cdot 28$이다. 1을 표현할 수 있다면, 모든 수를 표현할 수 있다. 왜냐하면 1을 표현하는 등식의 양변에 원하는 수를 곱하기만 하면, 그 수를 표현하는 등식이 나오니까 말이다.

　프로이트에게는 더욱더 실망스러웠을 법한 두 번째 사실은, 방금 언급한 사실이 23, 28과 아무 상관이 없다는 것이다. 위 사실은 최대공약수가 1인 모든 수 쌍에서 항상 성립한다. 예컨대 5와 7을 가지고도 모든 자연수를 표현할 수 있다. 이를테면 $6=4 \cdot 5-2 \cdot 7$, $8=3 \cdot 5-1 \cdot 7$, $12=5+7$이다. 24부터는 마이너스 기호도 필요 없다. $24=2 \cdot 5+2 \cdot 7$, $25=5 \cdot 5$, $26=1 \cdot 5+3 \cdot 7$, $27=4 \cdot 5+1 \cdot 7$, $28=4 \cdot 7$ 등이다.

　프로이트를 실망시켰을 만한 이 통찰 앞에서 수학자는 새로운 정리theorem를 얻었다며 환호한다.

42

모든 질문의 답

추측하건대 19세의 영국 대학생 더글러스 애덤스는 1971년의 어느 날 절망에 빠져 맥주 몇 병을 마신 후 인스브루크 근처의 어느밭에 드러누웠을 때 그에게 떠오른 생각이 어떤 성과를 가져오게될지 상상조차 하지 못했을 것이다. 당시의 많은 젊은이와 마찬가지로 애덤스는 "히치하이크"로 유럽을 여행하는 중이었다. 그가지참한 여행안내서는 『유럽을 여행하는 히치하이커를 위한 안내서Hitchhiker's Guide to Europe』였다. 이 책을 주머니에 넣고 늘어져 떠오르는 별들을 바라보던 그에게 문득, 히치하이크로 은하수를 누비는 방법에 관한 책, 곧 『은하수를 여행하는 히치하이커를위한 안내서The Hitchhiker's Guide to the Galaxy』를 누군가가 써야한다는 생각이 떠올랐다. 별이 빛나는 하늘이 그의 현재 삶보다 훨씬 더 매력적으로 느껴졌기 때문이다.

7년이 지나 때가 무르익었다. 영국 방송사 BBC는 애덤스가 쓴 라디오극을 「은하수를 여행하는 히치하이커를 위한 안내서」라는 제목으로 방송하기 시작했고, 1979년부터 총 다섯 권으로 이루어졌으며 첫 권의 제목이 『은하수를 여행하는 히치하이커를 위한 안내서』인 애덤스의 소설 "3부작"이 출판되었다.

이 과학 허구 시리즈는 시대의 분위기에 들어맞아 베스트셀러가 되었다. 아니, 특별한 유머와 곳곳에 숨어 있는 은유 덕분에 그야말로 광신적인 팬을 거느린 작품이 되었다.

이 책에 나오는 한 이야기는 환상과 엉뚱함과 재치에서 다른 모든 이야기들을 월등히 능가하며 어느새 그 책 자체보다 더 유명해졌다. 그 이야기의 핵심은 궁극의 질문, 곧 "삶과 우주와 나머지 모든 것"에 대한 모든 질문의 답이다. '딥 소트Deep thought'라는 컴퓨터는 그 답을 얻기 위해 750만 년 동안 계산한 끝에 절대적으로 확실한 정답이라면서 결과를 내놓는다. 그 결과는 철학적인 논문도, 기술적인 문헌도, 종교적인 책도 아니라 달랑 수 하나다. 42라는 수!

어찌하여 애덤스는 이 수를 선택했을까? 왜 하필이면 42일까? 그의 대답은 간단하다. "그냥 농담이었다. 평범하면서 너무 크지 않은 수여야 했는데, 내가 42를 선택했다."

애덤스는 말하자면 '특성 없는 수'를 원했다. 그 자신의 표현에 따르면, "사람들이 아무 거리낌 없이 부모에게 내보일 수 있는 그런 수"가 필요했다. 그러나 많은 독자는 42가 특성 없는 수라는 말을 믿을 수 없었다. 배후에 무언가 숨어 있는 것이 분명했고, 42의 특성이 있는 것이 틀림없었다. 사람들은 예리한 눈초리로 찾았고, 42의 수많은 특징들과 등장 형태들을 발견했다. 42를 이진법으로 표기하면 희한하게도 101010이다. 더구나 13진법으로 적으면, 33(=3·13+3), 삼 땡이다! 삼부작의 2부 『우주의 끝에 있는 레스토랑』에서는 "9 곱하기 6"이라는 문제가 거론된다. 누구나 답을 안다. 그러나 작품의 끝에서 이런 간결한 대답이 나온다. "9 곱하기 6은 42. 바로 이거야. 이게 전부라고." 이게 뭔 소리야, 라는 질문이 절로 나오겠지만, 확실한 정답이다. 9 곱하기 6의 답 54를 13진법으로 적으면 정확히 42(=4·13+2)다.

사람들은 전혀 다른 등장 형태들도 발견했다. 알파벳 철자에 수를 대응시키면(A=1, B=2,⋯), 더글러스 애덤스의 이름을 약자로 적은 D. ADAMS에는 수 D+A+D+A+M+S=4+1+4+1+13+19=42가 대응한다.

42는 수학 바깥에서도 등장한다. 유명한 구텐베르크 성경(1452-1454)은 모든 페이지에 정확히 42행이 인쇄되어 있다. 그래서 그 책은 "B-42"라는 명칭으로도 불린다. 많은 인물이 42세에 사망했다. 가장 유명한 인물은 엘비스 프레슬리다. 이 밖에도 42의 등장 형태를 얼마든지 찾을 수 있을 것이다. 그러나 더글러스 애덤스는 그 모든 해석을 물리쳤다. "이진법, 13진법, 티베트의 수도승. 그 모든 것은 완전한 헛소리다! 나는 책상 앞에 앉아 정원을 바라보다가 42가 옳다고 생각했다. 그래서 그 수를 적었다. 그게 전부다."

~~~~~~~~~~

종이를 접고 또 접어서 두께가 달까지의 거리만큼 되려면 몇 번 접어야 할까? 현실과는 무관한 질문이지만, 42와는 밀접한 관련이 있다.

다들 알다시피, 종이를 접으면 크기는 절반으로 되고 두께는 두 배로 된다. 하지만 대략 35만 킬로미터에 달하는 달까지의 거리는 약 0.1밀리미터 두께의 종이를 접고 또 접어서 도달하기에는 너무 멀게 느껴진다. 그러나 간단히 생각해보자. 달까지 도달하는 접기 연쇄의 마지막 회를 앞두었을 때, 접힌 종이의 두께는 "겨우" 17만 5,000킬로미터면 된다. 물론 전혀 비현실적인 얘기지만, 그럼에도 타당하다. 이렇게 절반을 해냈다면, 나머지 절반만 채우면 목표에 도달하게 된다!

차근차근 따져보자. A4 용지를 짧은 대칭축을 따라 접으면, A5 용지가 되고, 이를 또 접으면 A6 용지가 되는 등으로, 종이의 크기는 점점 더 작아진다. 반면에 종이를 접을 때마다 포개진 종잇장의 개수는 두 배로 늘어난다. 따라서 세 번만 접어도, 8개의 종잇장이 포개진다. 종잇장의 두께는 약 0.1밀리미터이므로, 종이를 세 번

접었을 때의 두께는 거의 1밀리미터에 달한다. 네 번 접으면 종잇장 16개가 포개지고, 다섯 번 접으면 32개, 10번 접으면 1,024개가 포개진다(그리고 두께는 약 10센티미터에 이른다!). 42번 접으면, 포개진 종잇장의 개수가 2^{42} = 4,398,046,511,104에 달할 것이다. 종잇장 각각의 두께가 0.1밀리미터이므로, 이 종잇장 더미의 총 두께는 약 43만 9,804킬로미터, 달까지의 거리보다 더 두껍다. 따라서 종이를 42번 접으면 달에 도달할 수 있다!

60

최선의 수

4,000여 년 전에 오늘날의 이라크 땅인 메소포타미아에서 누군가가 천재적인 발상을 했다. 그가 누구였고 동기가 무엇이었는지 우리는 모르지만, 또 정확히 언제였는지도 모르지만, 그 미지의 인물은 인류의 역사에서 가장 중요한 깨달음 중 하나에 이르렀다. 그의 발명이 없었다면, 기술도 없고, 정량적 과학도 없고, 건축도 없고, 도시 계획, 경영학, 경제학도 없을 것이다.

그 발명을 일컬어 "자릿값 시스템"이라고 한다. 명칭은 시시하게 느껴지거나, 아무리 좋게 봐도 밍밍하고 기술적인 것처럼 느껴진다. 그러나 자릿값 시스템은 수를 표기하는 혁명적인 방식이며, 그 방식이 비로소 원활한 계산을 가능케 한다.

건물을 설계하려면 계산을 해야 한다. 국가가 세금을 거두려면, 곱셈을 할 줄 알아야 한다. 더구나 수학, 천문학, 물리학 같은 과학들에서 계산은 필수다. 모든 정량적 과학은 수와 계산에 기초를 둔다. 그런데 예나 지금이나 정량적 과학은 자릿값 시스템이 있어야만 효율성을 갖출 수 있다. 지금도 마찬가지다. 우리 모두는—인간과 컴퓨터를 막론하고—자릿값 시스템에 의지하여 계산한다. 바로 그 시스템이 4,000년 전 메소포타미아에서 발명되었다. 우리에게 익숙한 십진법은 그 천재적인 자릿값 시스템의 한 유형이다. 십진법은 아래와 같은 특징들을 지녔다.

- 모든 수는 여러 자리에 놓인 숫자들을 통해 표기된다. 그 자리들은 오른쪽부터 왼쪽으로, 1의 자리, 10의 자리, 100의 자리, 1,000의 자리 등이다.

- 모든 자리에 숫자 하나가 놓인다(십진법에서 쓰이는 숫자는 0, 1,…, 9다).

- 모든 계산(덧셈, 곱셈…)을 숫자들에 대한(즉, 아주 작은 수들에 대한) 계산으로 환원할 수 있다.

그 미지의 메소포타미아인도 마찬가지 유형의 시스템을 발명했지만, 그것은 십진법이 아니라 60진법이었다. 60진법에서 사용되는 숫자들은 1, 2,…, 59에 대응한다. 그 숫자들은 쐐기문자로 표기되었는데, 모든 숫자는 1을 뜻하는 수직선(실은 좁은 쐐기)과 10을 뜻하는 넓은 수평 쐐기의 조합이었다. 예컨대 숫자 ≪|||는 24에 대응했다. 자릿값 시스템에서 맨 오른쪽 자리는 1의 자리, 십진법에서 10의 자리인 그 왼쪽은 60의 자리, 또 한 자리 왼쪽으로 옮

기면 3,600의 자리였다. 따라서 바빌로니아 수 <|| <<< <|||||는 12·3,600+30·60+16=44,016이었다. 이 수는 12시간 30분 16초를 초로 따졌을 때의 값과 같다.

그런데 왜 60이었을까? 왜 바빌로니아인은 10이 아니라(12나 20도 아니라) 60에 기초를 둔 자릿값 시스템을 선택했을까?

적어도 두 가지 대답이 있다. 하나는 수학적인 대답, 또 하나는 수학 외적인 대답이다.

첫째 대답은 이러하다. 60은 어떤 의미에서 "자연적으로 등장하는" 수다. 바빌로니아 달력에서 1년은 360일이다. 물론 실제로 1년이 360일인 것은 아니지만, 정확한 1년의 길이 365.24일을 최대한 균등하게 분할하려면 30일로 이루어진 한 달 12개로 분할하는 것이 최선이라는 생각이 시대를 막론하고 존재했다(지저분한 365.24는 깔끔한 360과 거의 같아서, 전자를 후자로 대체하고 싶은 유혹이 들 만하다).

바빌로니아인도 바로 그렇게 달력을 만들었다. 그리고 그렇게 자연을 살짝 왜곡한 대가를 당연히 치렀다. 즉, 바빌로니아인은 2년마다 윤달 하나를 끼워 넣었다.

둘째 대답은, 수 60이 계산에서 믿기 어려울 만큼 유용한 수라는 것이다. 이유는 60이 많은 수로 나누어떨어진다는 점에 있다. 60은 2, 3, 4, 5, 6, 10, 12, 15, 20, 30으로 나누어떨어진다. 물건 60개가 있으면, 그것들을 정확히 두 무더기로 나눌 수도 있고, 세

무더기, 네 무더기, 다섯 무더기, 여섯 무더기, 열 무더기, 열두 무더기, 열다섯 무더기, 스무 무더기, 서른 무더기로 나눌 수도 있다. 1과 60까지 약수로 포함시키면, 60은 총 12개의 약수를 지녔다. 60보다 작은 수 가운데 이렇게 많은 약수를 가진 수는 없다.

약수가 많다는 점은 바빌로니아인에게 중요했다. 왜냐하면 약수가 많은 수를 다루면 난해한 분수 계산을 대폭 줄일 수 있었기 때문이다.

이를 이해하기 위해 우선 어떤 분수의 소수 표현이 유난히 간단한지 살펴보자. 우리의 십진법에서는 1/2과 1/5의 소수 표현이 0.5와 0.2로 유난히 간단하다. 왜냐하면 분수 1/2과 1/5의 분모가 10의 약수이기 때문이다.

60진법에서도 마찬가지다. 분모가 60의 약수인 분수는 60진법 소수 표현에서 소수점 아래 숫자를 하나만 적으면 끝난다. 1/12을 60진법 소수로 표현하면 어떻게 될까? 소수점 아래 첫째 자리는 십진법에서는 1/10의 자리지만 60진법에서는 1/60의 자리다. 그런데 1/12은 5/60과 같으므로, 1/12을 60진법 소수로 표현하려면, 소수점 아래 첫째 자리에 |||||만 적으면 끝난다. 거꾸로, 소수점 아래 첫째 자리에 ≪가 적힌 60진법 수는 20/60, 즉 1/3과 같다.

요컨대 바빌로니아인은 소수점 아래에 숫자 하나만 적음으로써 일상에서 등장하는 분수를 사실상 모두 표기할 수 있었다. 따라서 분수 계산을 쉽게 할 수 있었다.

그러나 아쉽게도 바빌로니아인은 소수점을 사용하지 않았다. 그래서 예컨대 || <||는 2·60+12=132일 수도 있었고 2+12/60=2.2일 수도 있었다. 어느 쪽인지는 그때그때 맥락을 따져 판단해야 했다.

~~~~~~~~~

많은 경우에 우리는 50, 80, 100을 비롯한 10의 배수들을 중시한다. 예컨대 우리는 회사 창립 50주년, 80주년, 100주년을 기념한다. 그러나 수의 마지막 자리가 0인 것은 어떤 특별한 의미도 없다. 그것은 단지 우리가 십진법을 사용하기 때문에 생기는 일일 따름이다. 대체 왜 80이 81보다 우월하단 말인가?

하지만 60은 정말로 특별하다. 60의 중요성은 십진법에 의존하지 않을 뿐더러 어떤 숫자 시스템에도 의존하지 않는다. 왜 그런지 이해하려면 기하학에서 등장하는 60을 보아야 한다. 60이 아름다운 것은 10의 배수이기 때문만이 아니다. 우리가 60을 어떻게 표기하는가와 전혀 상관없이, 60은 중요하다.

60의 의미를 특히 잘 보여주는 기하학적 대상은 정12면체다. 이 입체는 일찍이 고대 그리스 수학자들을 매혹했다. 정12면체는 "플라톤" 입체(혹은 정다면체)들 중 하나다.

정다면체에 "정(正)"이라는 접두어가 붙은 이유를 두 가지로 설명할 수 있다. 첫째, 정다면체의 모든 면은 정n각형이다. 정12면체에서는 모든 면이 정오각형이다. 정12면체는 정오각형 12개로 이루어졌으며, 이 때문에 "정12면체"로 불린다.

둘째, 정다면체의 모든 꼭짓점은 똑같은 모양이다. 각각의 꼭짓점에서 똑같은 개수의 면들이 만나고 따라서 똑같은 개수의 변들이 만난다.

이 사실에 기초하여 정12면체의 꼭짓점의 개수를 계산할 수 있다. 정12면체의 정오각형 면 12개 각각은 꼭짓점 5개를 지녔다. 따라서 꼭짓점이 총 60개 있다. 그런데 이 단순한 총합은 정12면체의 꼭짓점 개수보다 훨씬 더 많다. 왜냐하면 정12면체의 꼭짓점 하나에서 정오각형 면 3개가 만나고, 따라서 정오각형들의 꼭짓점 3개가 만나기 때문이다. 따라서 60을 3으로 나눠야 한다. 정12면체의 꼭짓점은 총 12·5/3=20개다.

최초의 수학 정리들 중 하나는 오로지 다섯 개의 정다면체만 존재한다는 것이다. 그 다섯 개 가운데 하나인 정12면체는 항상 특별한 역할을 했으며 일찍부터 우주 전체와 동일시되었다.

수 60은 정12면체에서 특별한 방식으로 등장한다. 이와 관련해서 레오나르도 다빈치(1452-1519)가 수학자 친구 루카 파치올리의 저서 『신성한 비율에 관하여』(1509)에 삽입하기 위해 그린 멋진 정12면체를 참조하자.

보다시피 정12면체가 실에 매달려 있는데, 가장 위에 놓인 꼭짓점에 실이 묶여 있다. 그러나 꼭 그 꼭짓점이 아니라 다른 꼭짓점

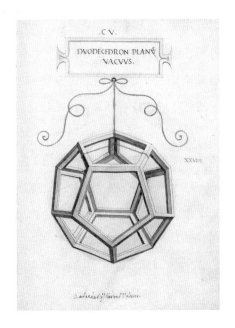

루카 파치올리가 1509년에 출판한 저서
『신성한 비율에 관하여』에 삽입하기 위해 레오나르도 다빈치가 그린 정12면체.

에 실을 묶더라도 마찬가지다. 무작정 한 꼭짓점을 선택해서 실을 묶고 정12면체를 매달면, 항상 위 그림과 똑같은 모습이 나온다. 바꿔 말하면 이러하다. 정12면체의 꼭짓점은 20개이므로, 정12면체를 맨 위 꼭짓점이 달라지도록 회전시켜 원래와 똑같은 모습이 되도록 만드는 방법이 20가지 있다.

더구나 그것이 전부가 아니다. 한 꼭짓점에 실을 묶고 매단 상태에서도 정12면체를 수직축을 중심으로 회전시킬 수 있다. 위 그림의 맨 위 꼭짓점을 보면, 변 3개가 그 꼭짓점에서 만나고, 변 하나가 뒤쪽으로 뻗어 있다. 그러나 그 변이 아니라 나머지 두 변 중 하나가 뒤로 뻗어 있더라도 정12면체의 모습은 똑같을 것이다. 따라서 전체 모습을 그대로 유지하면서 맨 위 꼭짓점을 선택하는 회전 방법 20가지 각각에 대해서 3가지 수직축 회전을 해도 여전히 전체 모습은 그대로 유지된다. 결론적으로 정12면체를 전체 모습이 바뀌지 않게 회전시키는 방법은 총 20·3=60가지다.

나는 이렇게 수 60이 등장하는 것이 예상 밖이며 괄목할 만하다고 느낀다.

그런데 정12면체는 특이한 예외가 전혀 아니다. 오히려 정12면체는 매우 다양한 입체와 구조의 기반을 이룬다. 따라서 정12면체의 대칭 회전(전체 모습을 그대로 유지시키는 회전) 60개는 기하학 전반에서 연구되는 주제다.

153

물고기의 수

겉보기에 별달라 보이지 않는 이 수는 성경의 중요한 대목 한 곳에서 두드러지게 등장한다. 예수의 제자들이 갈릴리 호수에서 부활한 예수와 만날 때 기적이 일어난다. 그때까지 제자들은 호수에서 물고기를 잡으려 애썼지만 헛수고였다. 그때 예수가 그들을 한 번 더 호수로 나가 그물을 던지게 했다. 제자 시몬 베드로가 그물을 끌어 올렸는데, 거기에는 "큰 물고기가 153마리나 들어 있었다."(요한복음 21장 11절)

당연히 신학자들은 왜 정확히 153마리가 잡혔는지를 놓고 머리를 싸맸으며 매우 다양한 설명을 내놓았다. "가장 간단한" 설명, 곧 제자들이 정확히 153마리를 센 것이 아니며 어쩌면 아에 세지 않았지만 그물에 가득 찬 물고기에 깜짝 놀랐고 그 성경 대목의 저자는 그냥 큰 수 하나를 생각해낸 것일 뿐이라는 설명을 받아들이기는 어렵게 느껴지니까 말이다.

예컨대 교부 히에로니무스(347-420)는, 고대 그리스 동물학자들의 견해에 따르면 물고기 종이 정확히 153개 있었고, 따라서 그 장면에서 등장하는 수 153은 더없는 충만함의 상징으로 해석할 수 있다고 말한다.

아무튼 요한복음의 저자는 153의 대단한 수학적 속성들을 아마 몰랐을 것이다.

이를테면 153은 "17번째 삼각수"다. 무슨 말이냐면, 돌멩이들을 큰 삼각형 모양으로 배열하되, 맨 아래 행에 돌멩이 17개가 놓이고, 그 위 행에 돌멩이 16행이 놓이는 식으로 배열하면, 삼각형 전체를 만드는 데 총 153개의 돌멩이가 필요하다. 수식으로 적으면, 17+16+⋯+2+1=153이다.

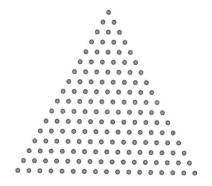

여담인데, 교부 아우구스티누스(354-430)는 이 속성이 물고기 153마리의 특별함을 시사한다고 보았다. 17은 7(성령의 일곱 가지 은혜)과 10(십계명)의 합인데, 그런 17이 17번째 삼각수인 153과 뗄 수 없게 관련되어 있다는 것이었다.

자연수들을 순서대로 더하여 삼각수를 만들 수 있는 것과 유사하게, 팩토리얼들을 순서대로 더할 수도 있다. 팩토리얼이란 n이 하나의 자연수일 때 1부터 n까지의 자연수를 모두 곱한 것을 뜻하고, 기호로 n!라고 표기한다. 예컨대 5!(5팩토리얼)은 $5 \cdot 4 \cdot 3 \cdot 2 \cdot 1 = 120$이다.

처음 다섯 개의 팩토리얼을 더하면 $1! + 2! + 3! + 4! + 5! = 1 + 2 + 6 + 24 + 120$인데, 이 덧셈의 결과가 바로 153이다.

～～～～～

세 번째 수학적 속성은 더욱 감탄스럽다. 수 153을 이루는 숫자들을 보자. 그것들은 1, 5, 3이다. 이 숫자들 각각의 세제곱을 보면, $1^3 = 1$, $5^3 = 5 \cdot 5 \cdot 5 = 125$, $3^3 = 3 \cdot 3 \cdot 3 = 27$이다. 이 세제곱들을 더하면, 놀랍게도 $1 + 125 + 27 = 153$이 나온다.

이 정도로도 탄성이 나오지 않는다면, 다음과 같은 실험을 해보기 바란다. 3으로 나누어떨어지는 수를 마음대로 하나 선택해서 그 수를 이루는 숫자들 각각을 세제곱하여 덧셈하라. 예컨대 48을 가지고 그렇게 하면, $4^3 + 8^3 = 64 + 512 = 576$이 나온다. 576은 3으로 나누어떨어진다. 그러니 이 수에도 위 실험을 적용하고 그 결과에도 또 적용하는 식으로 실험을 반복하면 어떻게 되는지 살펴보자.

$$5^3+7^3+6^3=125+343+216=684$$
$$6^3+8^3+4^3=216+512+64=792$$
$$7^3+9^3+2^3=343+729+8=1{,}080$$
$$1^3+0^3+8^3+0^3=1+0+512+0=513$$
$$5^3+1^3+3^3=125+1+27=153.$$

언젠가는 반드시 153이 나오며, 그다음에는 당연히 실험을 반복해도 계속 153이 나온다. 3으로 나누어떨어지는 수를 가지고 시작하면 항상 그렇다. 모든 것을 걸고 장담하겠다!

666

동물의 수

수 666은 성경의 마지막 부분인 요한계시록의 한 대목 덕분에 주목받는다. 요한계시록 13장에 이런 구절이 나온다. "지혜가 여기 있으니 총명한 자는 그 짐승의 수를 세어보라. 그것은 사람의 수니 그의 수는 육백육십육이니라."

이 구절은 확신을 담고 있다. 요한계시록의 저자는 자신의 메시지에 완전히 빠져들어 있으며, 그 메시지가 청자 혹은 독자도 단박에 사로잡으리라고 확신한다.

하지만 그 메시지가 대체 뭐냐고 냉정하게 물으면, 난점들이 불거지기 시작한다. 도무지 의미를 알 수 없다. "그 짐승의 수"란 과연 무슨 뜻일까? 그리고 그 수가 왜 어떤 사람의 수와 같다는 것일까? 또 대체 왜 그 수가 666이라는 것일까? 질문들이 답 없이 쌓여만 가지만, 바로 그 질문들이 위 구절에 담긴 위협적이고 암울한 메시지의 중심을 이룬다.

통상적인 해석에서 "그 짐승"은 반(反)그리스도로, 곧 예수 그리스도의 적수로 간주된다. 반그리스도는 그리스도의 권능을 의문시한다.

"사람의 수"는 일반적으로 반그리스도의 이름으로 해석된다. 그 수는 다음과 같은 방식으로 계산된다. 그리스어와 히브리어에서 수는 철자로 표기된다. 바꿔 말해 모든 철자 각각에 수 값이 부여되어 있으며, 단어에 대응하는 수는 그 단어를 이루는 철자들의 수 값을 모두 더한 것과 같다.

그리스어 알파벳의 첫 철자 아홉 개에는 1부터 9까지가 대응한다. A(알파)=1, B(베타)=2, Γ(감마)=3, Δ(델타)=4,⋯ 등이다. 그다음 철자들은 10의 배수들에 대응한다. I(이오타)=10, K(카파)=20, Λ(람다)=30, M(뮤)=40,⋯ 등이다. 마지막 철자들은 100의 배수들을 가리킨다. P(로)=100, Σ(시그마)=200, T(타우)=300,⋯ 등이다. 1부터 9까지의 자연수, 10부터 90까지의 10의 배수, 100부터 900까지의 100의 배수를 표기하려면 각각 9개의 기호가 필요한데, 그리스어 알파벳 철자는 24개뿐이었으므로, 세 개의 수(6, 90, 900)는 특별한 기호로 나타내야 했다.

따라서 "사람의 수"는 그 사람의 이름에 대응하는 수, 바꿔 말해 그 이름을 구성하는 철자들의 수 값을 모두 더한 것이다. 그런데 요한계시록의 저자 요한은 자신이 어떤 사람을 언급하고 있는지 알려주고 있지 않기 때문에, 많은 사람들이 666에 대응하는 이름을 찾아내기 위해 애썼다. 위에 인용한 구절은 그 이름을 가진 사람이 반그리스도임을 알려준다고 그들은 해석한다.

일찍부터 666에 대응하는 온갖 이름들이 거론되었다. 이를테면 '에우안테스Euanthes', '라테이노스Lateinos', '테이탄Teitan'이 그런 이름이다. 예컨대 테이탄의 수는 그리스어 수 표기법에 따라 T+E+I+T+A+N = 300+5+10+300+1+50=666이다.

중세 후기에는 개별 교황들과 교황제 자체가 반그리스도로 지목되었다. 특히 베네딕토 11세가 그러했다. 그의 이름에 대응하는 수는 B+E+N+E+Δ+I+K+T+O+Σ = 2+5+50+5+4+10+20+300+70+200=666이다. 더 나중에는 "네로 황제Kaiser Nero"라는 해답도 거론되었다. 네로 치하에서 기독교인이 처음으로 박해를 당했으므로, 누가 봐도 네로는 반그리스도의 후보자일 만하다. 최근에는 트라야누스 황제Kaiser Trajan도 반그리스도로 거론되었다.

아무튼 예나 지금이나 많은 사람들은 666 수수께끼를 푸는 것을 중요한 과제로 여긴다.

오늘날의 일부 수비학자(數祕學者)는 A에 적당한 수를 대응시키고 그다음 철자들에는 그다음 수들을 대응시키는 방식으로 알파벳과 수들을 대응시킨다. 이를테면 A=100, B=101, C=102,… 등으로 말이다. 이 대응은 특히 흥미롭다. 왜냐하면 이 대응에서 히틀러는 H+I+T+L+E+R = 107+108+119+111+104+117=666이기 때문이다. 그러나 'HUMBUG'*에도 H+U+M+B+U+G=107+120+112+101+120+106=666이 대응한다.

수와 철자를 짝짓는 방식을 충분히 자유롭게 선택하면, 거의 모든 단어를 666으로 만들 수 있다.

~~~~~~~~~~

놀랍게도 수 666은 흥미로운 수학적 속성들도 지녔다. 666은 자연수들의 합, 제곱수들의 합, 세제곱수들의 합으로 멋지게 표현된다.

우선 666은 처음 자연수 36개의 합이다. 수식으로 적으면, $1+2+\cdots+36=666$이다. 바꿔 말해 666은 36번째 삼각수다.

또한 666은 처음 소수 7개의 제곱수의 합이다. $2^2+3^2+5^2+7^2+11^2+13^2+17^2=4+9+25+49+121+169+289=666$이다.

마지막으로 666은 처음 세제곱수 여섯 개의 합과 밀접한 관련이 있다. $1^3+2^3+3^3+4^3+5^3+6^3+5^3+4^3+3^3+2^3+^31=1+8+27+64+125+216+125+64+27+8+1=666$이다.

수학과 직결되는 얘기는 아니지만, 하나 더 보탤 것이 있다. 1,000보다 작은 수를 나타내는 로마숫자를 모두 한 번씩 적으면 DCLXVI이 된다. 그런데 이 기호가 가리키는 수가 바로 666이다.

◆ 영어와 독일어에서 '사기', '속임수' 등을 뜻하는 단어다.

1,001

손에 땀을 쥐게 하는 수

1,001은 1,000 더하기 1이다. 1,000보다 1이 더 많다. 1,000만 해도 엄청나게 큰데, 그보다 더 크니 1,001은 가히 무한으로 통하는 문 앞에 이르렀다고 할 만하다.

1,001은 설화 『천일야화(千一夜話)』 덕분에 전설적인 명성을 얻었다. 이 설화 전체의 공간적 무대는 "인도와 중국 제국 사이에 위치한" 어느 섬이다. 설화의 시작은 야만적이고 잔인하지만 끝은 행복하다.

『천일야화』에 등장하는 샤리아 왕은 아내의 뻔뻔스러운 배신으로 매우 심각하게 상심했다. 그 자기애적인 병이 깊어 그는 자신의 아내를 처형시키는 것에서 그치지 않고 모든 여자를 응징하기로 결심한다. 행실 바른 여자는 이 세상에 단 한 명도 없다고 믿기 때문이다.

그의 음험한 계획은 매일 밤 한 처녀를 왕비로 삼고 이튿날 아침에 처형시키는 것이다. 벌써 많은 처녀들이 그의 잔인한 복수에 희생된 후, 영리한 셰에라자드가 복수심에 불타는 왕과 결혼하겠다고 자진해서 나선다.

『천일야화』의 진짜 주인공은 셰에라자드다. 혼례를 치른 첫날 밤에 —그 밤이 그녀의 마지막 밤일 판국인데— 셰에라자드는 이야기를 하기 시작한다. 그런데 그 이야기가 멋지고 재미있을뿐더러 딱 동이 틀 때 절정에("그 남자는 공격하려고 칼을 뽑았는데…") 도달한다. 그래서 왕은 이렇게 말한다. "이야기를 끝까지 들을 때까지 너를 죽이지 않겠다." 그리고 이례적으로 처형을 그날 밤으로 미룬다.

둘째 날 밤에 셰에라자드는 모험과 머나먼 나라와 낯선 사람들에 관한 이야기를 흥미진진하게 이어간다. 이번 이야기는 지난 이야기보다 더 재미나고 짜릿하다. 그러나 이번에도 가장 긴장되는 대목에서 동이 튼다. 왕은 이어지는 이야기를 듣고 싶은 마음이 간절하여 또다시 처형을 연기한다.

그다음 날 밤에도 셰에라자드는 이야기를 이어가면서 적당히 속도를 조절하여 딱 동이 틀 때 절정에 이르게 한다. 왕은 처형을 또 연기할 수밖에 없다. 왜냐하면 이야기를 끝까지 듣고 싶기 때문이다.

이런 식으로 셰에라자드는 매일 밤 왕을 이야기 속으로 끌어들여 천하루 밤 동안 꼼짝 못 하게 만든다.

마지막 밤에 그녀는 잔인한 왕에 관한 이야기를 들려주는데, 왕은 그 이야기 속의 왕이 자신이라는 것을 깨달을 수밖에 없다. 이야기를 다 듣고 난 왕은 "정신을 차리고, 자기가 처한 상황을 숙고하고, 마음을 정화하고, 불만을 가라앉히고, 신에게 귀의했다." 그는 자신의 행동을 공개적으로 뉘우치고 셰에라자드를 왕비로 삼겠다고 발표한다. 그리고 두 사람은 더없이 화려한 결혼식을 한다.

천한 번째 밤에 실제로 미래를 향한 문이 열린다. 하루하루를 손꼽으며 가슴 졸이며 세월이 끝나고 두 사람과 온 백성이 행복한 미래를 향해 나아간다.

～～～～～～

수학적 관점에서 봐도 1,001은 시시한 수들과는 영 딴판으로 보인다. 많은 이들은 1,001을 소수로 짐작한다. 왜냐하면 2, 3, 5로 나누어떨어지지 않기 때문이다. 하지만 그 짐작은 틀렸다. 1,001은 소수가 전혀 아니다. 이 수는 7과 11과 13의 곱이다. 1,001이 11로 나누어떨어진다는 점이 특히 중요하다.

이 속성 때문에 1,001은 많은 수가 11로 나누어떨어짐을 보여주는 작업에서 중요한 도구로 쓰인다. 몇 가지 예를 보자.

• 앞부분과 뒷부분이 서로의 거울상인 형태의 모든 수, 예컨대 9,779는 11로 나누어떨어진다(〈11: 은밀히 활동하는 수〉참조). 왜

그럴까? 9,779를 아래처럼 적을 수 있다.

$$9,779=9,009+770=9 \cdot 1,001+770$$

더해지는 두 수가 모두 11로 나누어떨어지므로, 덧셈의 결과인 9,779도 11로 나누어떨어진다.

• 세 자리로 된 부분이 두 번 반복되는 여섯 자릿수는 모두 11로 나누어떨어진다. 한 예로 789,789를 보자. 이 수를 아래처럼 적을 수 있다.

$$789,789=700,700+80,080+9,009=$$
$$70 \cdot 1,001+80 \cdot 1,001+9 \cdot 1,001$$

더해지는 세 수가 모두 11의 배수이므로, 덧셈의 결과도 11로 나누어떨어진다. 따로 덧붙일 필요가 있을까 싶긴 하지만, 이런 형태의 모든 수는 7와 13으로도 나누어떨어진다. 왜냐하면 1,001로 나누어떨어지기 때문이다.

1,679

외계인 탐사를 상징하는 수

1974년 11월 16일 푸에르토리코 아레시보 천문대에서 정확히 1,679비트 길이의 메시지가 우주로 송출되었다. 정확한 송출 방향은 지구에서 약 2만 5,000광년 떨어진 구상성단 M13을 향해서였다.

연구자들의 바람은 지능을 갖춘 외계 생명체(이른바 "외계인")가 그 신호를 포착하고 해독한 후 지구로 응답 메시지를 보내오는 것이었다.

그 아레시보 메시지를 해독하려면 외계인이 어떤 능력들을 보유해야 할지 생각해보자.

우선 행운이 따라야 할 것이다. 외계인은 우리의 메시지를 온전히, 그러니까 1,679비트 전부를 수신해야 한다. 1비트라도 덜 받으면, 메시지를 해독할 길이 영영 없다. 또 외계인은 메시지의 길이가 중요하다는 점을 알아채야 한다. 바꿔 말해, 비트의 개수가 결정적으로 중요하다. 이를 알아챌 만큼 영리한 외계인이라면, 비트의 개수를 세어 1,679라는 수에 도달할 것이다.

다음으로 외계인은 수에 대한 수학적 지식을 갖추거나 최소한 수학적 감각을 지녀야 한다. 무슨 말이냐면, 수 1,679의 소인수분해를 시도해야 한다. 이 소인수분해는 그리 쉽지 않지만, 충분히 오래 애쓰면 1,679가 23과 73의 곱임을 알아낼 수 있다. 23과 73은 둘 다 소수다.

다음 단계는 이 소인수분해의 기하학적 해석이다. 등식 $15=5\cdot3$으로부터 15개의 대상을 5행 3열로 배열할 수 있다는 귀결을 도출할 수 있는 것과 마찬가지로, 소인수분해 $1,679=73\cdot23$으로부터 아레시보 메시지의 비트 1,679개를 73행 23열의 격자로 배열할 수 있음을 도출할 수 있다. 더 나아가 외계인이 픽셀의 개념을 떠올려 값이 1인 비트를 검은색 픽셀로, 0인 비트를 흰색 픽셀로 해석하면, 아레시보 메시지 전체가 그의 눈앞에 그림으로 나타날 것이다.

적어도 원리적으로는 그렇다. 그 메시지가―당연히―당시의 원시적인 픽셀 그래픽으로 되어 있다는 점이 문제일 수도 있겠지만 말이다. 게다가 그림을 눈앞에 보고 있다 하더라도, 그 의미를 읽어내는 것은 여전히 상당한 지능을 요구하는 과제다.

아레시보 메시지는 외계인들이 틀림없이 이해할 것이라고 당대의 연구자들이 믿은 정보를 1,679비트로 코드화한 것이었다.

전체 메시지는 체계적으로 구성되었으며 위에서 아래로 읽어가야 한다. 처음 네 행은 외계인에게 수 1, 2,···, 10을 이진수 형태로 가르쳐준다. 그 행들을 값이 0이나 1인 비트들로 적으면 아래와 같다.

0	0	0	0	0	0	1	0	1	0	1	0	1	0	0	0	0	0	0	0	0	0	0	0
0	0	1	0	1	0	0	0	0	0	0	1	0	1	0	0	0	0	0	0	0	1	0	0
1	0	0	0	1	0	0	0	1	0	0	0	1	0	0	1	0	1	1	0	0	1	0
1	0	1	0	1	0	1	0	1	0	1	0	1	0	1	0	0	1	0	0	1	0	0

0과 1을 구분하여 픽셀에 색을 입히면 그림이 조금 더 명확해진다.

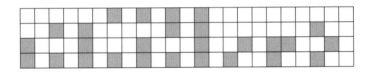

외계인은 우선 맨 위의 세 행을 살펴봐야 한다. 첫째 열에는— 위에서 아래로 읽으면—001, 곧 십진수 1이 적혀 있다. 이어서 경계 역할을 하는 000열이 나오고, 그다음에 이진수 010, 곧 십진수 2가 나온다. 그다음에 다시 경계 열이 나오고, 011 곧 3이 나온다. 이런 식으로 111 곧 7까지 나온다. 다음 수인 8을 적으려면 비트 하나가 추가로 필요해서 넷째 행까지 동원해야 하겠지만 메시지의 길이를 줄이기 위해 그 추가 비트도 셋째 행에, 즉 셋째 비트의 오른쪽에 적는다. 7에 이은 경계 열 다음의 두 열에 1000 곧 8이 적혀 있다. 이어서 경계 열들을 사이에 두고 1001(=9), 1010(=10)이 적혀 있다.

이제 외계인은 넷째 행도 이해할 수 있다. 그 행의 검은색 칸은 이진수의 1의 자리가 위치한 열을 알려준다.

이렇게 1,…, 10을 배운 외계인은 이 수들의 도움으로 그다음 정보를 획득해야 하는데, 그 정보는 수열 1, 6, 7, 8, 15다. 이 수들은 화학 원소들인 수소(H), 탄소(C), 질소(N), 산소(O), 인(P)의 원자번호이며, 이 원소들은 DNA의 재료다.

이를 깨닫고 해독을 이어가면, 외계인은 DNA의 더 큰 구성요소들, 예컨대 아데닌, 시토신, 구아닌, 티민이 어떻게 이루어졌는지 알게 된다. 예컨대 메시지에는 수열 4, 5, 5, 0, 0이 나오는데, 이는 한 분자에 포함된 H, C, N, O, P 원자의 개수를 나타낸다. 즉, 그 수열은 "수소 원자 4개, 탄소 원자 5개, 질소 원자 5개, 산소 원자 0개, 인 원자 0개"를 뜻한다. 우리의 화학식으로 적으면, 그 수열이 뜻하는 바는 $C_5H_4N_5$ 곧 아데닌이다.

외계인이 메시지를 계속 해독한다면, 9×10픽셀로 대충 표현한 (남성도 여성도 아닌) 인간의 모습을 만나게 된다. 그 모습에서 뇌는 달랑 픽셀 하나로 표현된다. 더 나아가 당시 세계 인구의 근삿값도 메시지에 포함되어 있다. 이진수로 적혀 있는 그 값은 11111111 110111111011111111110110, 십진수로 4,292,853,750(42억 9,285만 3,750)이다.

메시지의 막바지에 태양계에 관한 설명이 나오고, 맨 끝에는 그 메시지를 송출한 아레시보 천문대에 관한 설명이 나온다.

보다시피 외계인이 아레시보 메시지를 해독하려면 상당한 지능과 지식이 필요하다.

～～～～～～

아레시보 메시지는 우리가 외계인과—만약에 외계인이 존재한다면—접촉하는 최선의 수단은 수학이라는 추측을 기초로 삼는데, 일리 있는 추측이다. 외계인은 우리의 문화적, 정치적, 사회적 주제들에 전혀 익숙하지 않을뿐더러 아무 관심도 없을 테니까 말이다.

그러나 우리의 지능과 유사한 지능을 갖춘 외계인이 존재하는지 여부를 우리는 전혀 모른다. 그 외계인이 정보를 직사각형으로 배열해놓고 검토하는지 아니면 다른 형태들을 사용하는지, 생각할 때 비트와 픽셀을(즉, 잘 구분되는 상태들을) 사용하는지 아니면 모든 것이 유동적이라고 생각하는지, 우리는 모른다. 외계인이 우리의 것과 유사한 수 개념을 지녔는지도 모른다. 특히 외계인이 소수를 아는지, 우리는 모른다.

그럼에도 나는 이것만큼은 확신한다. 인류의 문화적 성취 가운데 외계인이 이해할 수 있을 법한 것은 단 하나, 수학뿐이다.

1,729

라마누잔 수

이 글의 주제는 시대를 통틀어 가장 천재적이었던 수학자 중 한 명이다. 그가 수학을 연구하는 방식은 전혀 엉뚱했으며 당대의 수학과 정반대였다. 오늘날의 관점에서 봐도 정말 이례적인 방식으로 수학을 연구한 그 인물은 인도 수학자 스리니바사 라마누잔(1887-1920)이다. 그는 인도 남부의 가난한 브라만 집안에서 태어나 지방대학에서 직업 교육을 받았는데, 그 대학은 공무원을 양성하는 학교에 가까웠다.

그런데 어느 날 수학책이 그의 손안에 들어오면서 그의 삶이 바뀌었다. 그 책은 교과서가 아니라 공식 모음집이었다. 말 그대로 공식들을 모아놓은 책. 약 3,000개의 공식이 거의 아무런 설명 없이 차례로 적혀 있을 따름이었다. 인터넷 이전의 시대에는 그런 공식 모음집이 필수적인 참고서로 널리 쓰였다.

그러나 라마누잔은 그 공식 모음집을 교과서로, 수학에 다가가는 통로로 사용했다. 그는 그 책을 속속들이 공부했다. 정확히 어떻게 공부했는지는 모른다. 아마 처음부터 끝까지 통독했으려니, 수들을 예로 대입해가면서 모든 공식을 이해했으려니, 앞선 공식들에서 새로운 공식을 도출하는 것을 시도했으려니, 공식들을 비교하고 유사성을 찾아내는 솜씨를 개발했으려니, 그 밖에 이러저러했으려니 짐작할 따름이다.

그러나 우리는 그 독서가 그의 삶의 전환점이었다는 것만큼은 확실히 안다. 그 공식 모음집은 이후 그의 삶을 지배했다. 특히 수학에 대한 그의 관점을 지배했다. 라마누잔에게 수학은 공식을 발견하는 작업이었다. 공식을 도출하거나 증명하는 작업도 아니고 공식을 적용하는 작업도 아니라, 오로지 발견하는 작업. 훗날 수학자 친구들이 어떻게 이런 진기한 공식들을 발견하냐고 묻자 그는 주저 없이 대답했다. "내가 잘 때 나의 여신이 불러줘." 라마누잔은 말하자면 그 공식 모음집의 속편을 써나갔다. 그는 끊임없이 공식들을 "발견"하여 노트에 적었다.

아마도 많은 천재가 세상에 전혀 알려지지 않은 채로 생을 마감할 텐데, 라마누잔도 그런 천재로 남을 법했다. 그러나 1913년에 그는 자신을 알리기 위한 시도를 마지막으로 했다. 그는 당대의 가장 유명한 수학자들에게 편지를 썼는데, 그중 한 명은 영국의 스타 수학자 고드프리 해럴드 하디(1877-1947)였다. 당시에 하디는 케

임브리지 대학교 트리니티 칼리지에 재직 중이었다. 라마누잔이 하디를 편지의 수신자로 고른 것은 정말 좋은 선택이었다. 편지를 읽었을 때 하디는 감전된 것 같았다. 몇 시간 안에 그는 편지의 발신자가 천재라는 판단을 굳혔다. 하디가 라마누잔의 공식들에 매혹된 것은 그가 이미 아는 부분 때문이 아니라 이해하지 못한 부분과 전혀 낯선 부분 때문이었다.

하디는 라마누잔을 영국으로 데려오기 위해 모든 수단을 동원했다. 노력은 헛되지 않았고, 하디와 라마누잔의 더없이 생산적이고도 멋진 공동연구가 시작되었다. 라마누잔은 학자로서의 경력을 쌓아갔다. 하디와 함께 공동 논문들을 썼으며 왕립학회의 회원으로 선출됨으로써 학자로서 누릴 수 있는 최고의 영예 중 하나를 누렸다.

그러나 행복은 오래가지 않았다. 1차 세계대전이 터지면서 일상에 큰 변화가 일어났기 때문이다. 많은 영국 과학자가 군대에 징집되었고, 라마누잔은 대화할 상대가 없어졌다. 영원히 이어질 것 같은 등화관제는 인도 남부의 햇빛에 익숙한 라마누잔을 심리적으로 쇠약하게 만들었다. 게다가 식량 배급은 채식주의자인 라마누잔에게 심각한 고난을 의미했다. 한마디로 그는 병들었다. 마음뿐 아니라 몸도. 그는 집 안에 은둔했고 의욕 없이 멍한 채로 여러 날을 보내곤 했다.

하디는 1917년에 만사가 시들해진 병자 라마누잔을 방문했다.

라마누잔이 인사를 마치고 병상에 눕자, 하디는 아마도 가벼운 농담으로 분위기를 살리려고, 방금 자신이 타고 온 택시의 차량번호가 아주 따분한 수인 1729였다고 말했다. 그러자 라마누잔이 그를 바라보며 외쳤다. 아마도 라마누잔의 얼굴에 화색이 돌았을 것이다. "아냐, 1729는 따분한 수가 전혀 아냐. 1729는 세제곱수 두 개의 합으로 나타내는 방법이 두 가지인 가장 작은 수니까!"

뛰어난 수론 전문가인 하디도 이 장면에서 잠깐 아찔했을 것이다. 라마누잔의 즉각적인 반응은 깊은 수학 지식에서 나온 것이었다. 세제곱수들, 두 세제곱수의 합, 그리고 두 세제곱수의 합으로 나타내는 방법이 두 가지인 수들, 마지막으로 그런 수들 가운데 가장 작은 수. 보아하니 1,729를 $1,729 = 1^3 + 12^3$과 $1,729 = 9^3 + 10^3$이라는 두 가지 방법으로 표현할 수 있다는 것은 라마누잔에게 뻔한 사실인 듯했다.

～～～～～～

라마누잔은 원주율 π를 구하는 공식도 하나 발견했다. π가 대략 3.14라는 것은 누구나 안다. 그러나 정확히 말하면, $\pi = 3.1415926\cdots$이다. 소수점 아래에 무한히 많은 숫자들이 나오는데, 그것들을 계산하기는 대단히 어렵다(〈π: 비밀 많은 초월수〉 참조). 가장 효과적인 계산법 하나는 라마누잔이 발견한 믿기 어려운 공식에서 도출된다. 윌리엄 고스퍼는 1985년 11월에 그 계산법으로

π를 17,526,100자리까지 정확히 계산하는 데 성공했다. 당시로서는 세계 최고기록이었다. 라마누잔의 공식은 아래와 같다.

$$\frac{1}{\pi} = \frac{\sqrt{8}}{9801} \sum_{k=0}^{\infty} \frac{(4k)!(1103+26390k)}{(k!)^4 396^{4k}}$$

처음 보면 당혹스러운 공식이다. 도무지 이해할 수 있는 구석이 없다. 절로 묻게 된다. 어떻게 이런 공식을 발견할 수 있지? 이 공식으로 계산되는 결과가 π가 아니라 $1/\pi$라는 점은 아무 문제도 되지 않는다. $1/\pi$의 값이 나오면, 곧바로 그 값의 역수를 취하여 π의 값을 알아낼 수 있으니까 말이다. 하지만 저 공식 속의 수들을 보라! 인간이 이해할 수 있는 수들이 아니다. 수학자에게 길잡이가 될 만한 유일한 기호는 중앙의 그리스어 대문자 'Σ(시그마)'뿐이다. 그 기호는 무한급수를 표현한다. 우선 k=0을 대입해서 계산 결과를 얻고, 이어서 k=1을 대입해서 계산 결과를 얻는 등으로 계속 결과들을 얻어서 모두 합산하라는 뜻이다. 실제로 계산해보면, 무한급수의 항들을 몇 개만 고려해도 놀랄 만큼 정확한 π의 근삿값을 얻을 수 있다. 실제로 k=0을 대입해보면 $1/\pi$ 값으로 0.3183098이 나오며 이때 π는 3.1415927…이라는 놀라울 만치 훌륭한 근삿값이다. 무한급수의 모든 항의 분자에 $(4k)!$, 분모에 $(k!)^4$이 들어있어서, 이 공식은 외우기도 어렵고 보기에도 깔끔하지 않을 수 있다. 그러나 이 공식은 마치 π의 근삿값을 계산하기 위해 개발하기라도 한 것처럼 엄청나게 효과적이다. 무한급수의 항 하나를 추가할 때마다 계산 결과의 소수점 아래 숫자가 여러 개 늘어난다. 인간이 이런 공식을 생각해낼 수 있다는 것이 도무지 믿기지 않는다.

65,537

궤짝 안의 수

65,537은 세계최고기록이다. 그런데 우리는 이 기록이 깨질 수 있을지, 아니면 영원히 최고기록으로 남을지 모른다.

65,537은 소수이며, 2^k+1의 형태를 띤 소수들 가운데 가장 큰 소수로 알려져 있다. 더 정확히 말하면, $65,637=2^{16}+1$이다. 2^k+1의 형태를 띤 소수는 프랑스 법학자 겸 수학자 피에르 드 페르마(1607-1665)의 이름을 따서 "페르마 소수"로 불린다. 페르마는 1640년에 쓴 한 편지에서 이 형태의 소수를 언급한 바 있다. 현재까지 알려진 페르마 소수는 $3(=2^1+1)$, $5(=2^2+1)$, $17(=2^4+1)$, $257(=2^8+1)$, 65,537이 전부다. 바꿔 말해 65,537은 알려진 최대의 페르마 소수다.

이 최고기록은 거의 400년 전에 세워졌다. 피에르 드 페르마는 페르마 소수를 기초로 삼아서 무한히 많은 소수들을 발견할 수 있기를 바랐다. 그는 2^k+1 형태의 수는 지수 k가 2의 거듭제곱일 때만 소수일 수 있음을 이미 알았다. 즉, k가 1, 2, 4, 8, 16,… 등일 때만 2^k+1이 소수일 수 있다. 페르마는 k가 2의 거듭제곱이면, 2^k+1은 반드시 소수라고 추측했다. 이 추측은 틀렸다. 위에 열거한 소수들 외에 지금까지 연구된 그런 형태의 수들 가운데 소수는 단 하나도 없다.

페르마 소수는 왜 중요할까? 왜냐하면 정다각형의 작도에서 페르마 소수가 결정적인 역할을 하기 때문이다. 컴퍼스와 직선 자로 정n각형을 작도할 수 있으려면 n은 어떤 수여야 할까, 라는 질문은 일찍이 고대에 제기되었다.

우선 이 질문의 핵심을 뽑아내자. n이 짝수이고 4보다 크면, 정n각형으로부터 정n/2각형을 작도할 수 있다. 방법은 간단하다. 꼭짓점들을 하나 걸러 하나씩만 있다고 치고 새로운 다각형을 그리면 된다. 이 작도를 계속 반복하면, 결국 정사각형에 이르거나 꼭짓점의 개수가 홀수인 정n각형에 이르게 된다.

따라서 결정적인 질문은 이것이다. n이 어떤 홀수일 때, 컴퍼스와 직선 자로 정n각형을 작도할 수 있을까?

최종적인 답은 1801년에 카를 프리드리히 가우스에게서 나왔다. 홀수인 n이 페르마 소수들의 곱일 때만, 컴퍼스와 직선 자로 정n각형을 작도할 수 있다. 이때 그 곱에는 어떤 페르마 소수도 중복으로 출현해서는 안 된다. 바꿔 말해 이런 결론을 내릴 수 있다. n

이 소수라면, n이 페르마 소수일 때 그리고 오직 그럴 때만 정n각형을 작도할 수 있다.

변들의 길이가 같은 정삼각형과 정오각형을 작도하는 방법은 이미 고대에 알려져 있었다. 가우스는 1796년에 정17각형의 작도에 명백하게 성공했다(⟨17: 가우스 수⟩ 참조). 그가 개발한 방법들의 도움으로 19세기 전반기에 정257각형도 작도되었다. 최초로 작도된 것은 1822년에 에스토니아의 마그누스 게오르크 파우커(1787-1855)에 의해서였고, 1832년에 독일 수학자 프리드리히 율리우스 리헬로트(1808-1875)에 의해 다시 한번 작도가 이루어졌다.

정65,537각형의 작도는 미해결 과제로 남겨졌다. 기본적으로 이 과제에 관심을 기울이는 사람이 없었다. 왜냐하면 이미 가우스의 증명을 통하여 그 작도가 가능하다는 것뿐 아니라 그 작도의 원리적인 방법까지 알려져 있었기 때문이다. 말하자면 명시적인 요리법만 없는 상황이었다. 게다가 누가 정65,537각형을 작도하고 싶겠는가?

그런 사람이 하나 있었다. 그는 김나지움에서 교사로 일하는 요한 구스타프 헤르메스(1846-1912)였다. 그에 대해서 알려진 바는 많지 않다. 그는 1846년에 당시 프로이센의 쾨니히스베르크(오늘날의 칼리닌그라드)에서 태어나 그곳의 대학교에서 수학을 공부했는데, 정다각형의 작도를 대학교에서 이미 접했을 것이 틀림없다. 왜냐하면 당시 쾨니히스베르크 대학교의 수학 정교수가 다름 아니라 정257각형을 작도한 프리드리히 율리우스 리헬로트였으니까 말이다. 대학교를 졸업한 헤르메스는 교사로 일하기 시작했다. 처음에 그는 쾨니히스베르크 소재 왕립 고아원의 예비김나지움 Progymnasium에서 20년 동안 재직했고 1893년에 링엔 김나지움의 교수로, 1899년에 오스나브뤼크 김나지움의 교장으로 임명되었다. 교사 경력의 초기에 그는 페르마 소수와 정다각형의 작도를 다루는 논문을 써서 1879년에 쾨니히스베르크 대학교에서 박사학위를 받았다.

이 모든 사항은 특별할 것이 전혀 없으며 100년도 훨씬 넘게 지난 지금은 언급할 가치가 없을 성싶다.

우리가 지금 헤르메스를 거론하는 것은 그가 박사학위를 받은 직후인 1879년 11월 4일에 시작하고 "원 분할 일기Diarium zur Kreisteilung"라고 명명한 그의 프로젝트 때문이다. 이 학술적 "일기"에서 돋보이는 것은, 수학의 발전에 털끝만큼도 도움이 안 되며 기껏해야 진기하다는 평가나 듣게 될 것을 모두가 빤히 아는 한 프로젝트에 헤르메스가 투자한 지구력, 인내심, 집요함이다.

헤르메스가 스스로 짊어진 과제는 정65,537각형의 작도였다. 그는 필요한 기술을 확실히 갖추고 있었다. 그는 그 기술을 가우스와 리헬로트의 연구에서 배웠고 자신의 박사논문에서 적용한 바 있었다. 특히 그는, 그 "작도"를 위해서 복잡한 그림을 그릴 필요는 없고 핵심적인 양들(이를테면 점들의 좌표)을 매우 특수한 유형의 수들로 표현하기만 하면 된다는 것을 명확히 알고 있었다. 그 수들은 겉보기에 아주 복잡할 수도 있지만, 임의의 개수와 순서의 자연수들에 오직 다섯 가지 연산을 적용함으로써 산출된다. 그 연산들은 사칙연산(덧셈, 뺄셈, 곱셈, 나눗셈)과 제곱근 구하기다. 이 산출 방법으로 많은 수를 얻을 수 있지만 모든 수를 얻을 수 있는 것은 전혀 아니다. 이 산출 방법으로는 오직 "작도 가능한 수constructible number"만 얻을 수 있다. 세제곱근 구하기나 극한값 구하기 같은 연산은 허용되지 않는다.

헤르메스는 이 모든 것을 알고 있었다. 바꿔 말해 그는 준비가 더없이 잘되어 있었다. 자신이 뛰어드는 프로젝트가 얼마나 큰 규모인지를 그가 어렴풋하게나마 가늠했을지는 불분명하다. 그 프로젝트는 거의 10년 뒤인 1889년 4월 15일에 완성되었다. 10년 동안 끊임없이, 공들여, 꼼꼼하게 수행한 그 연구에서는 어떤 거창한 사상도 중요하지 않았고 새로운 기법을 개발할 필요도 없었지만 모든 세부 작업이 다 중요했다.

그 프로젝트의 성과로 나온 논문 「정65,537각형의 작도」는 우선 외적인 규모에서 감탄을 자아낸다. 가로 55센티미터 세로 47센티미터 규격의 종이로 200쪽이 넘는다. 흔히 포스터로 쓰이는 A2 용지와 면적이 비슷한 그 종이들에 헤르메스는 자신이 얻은 지식을 공들인 글씨로 읽기 좋게 필기했다. 대단히 간략한 "목차"와 몇 쪽에 걸친 "들어가는 말"을 지나면, 표들이 지면을 점령한다. 헤르메스가 표 속의 숫자들을 간신히 읽을 수 있을 만큼 작게 적었는데도, 표들이 페이지를 꽉 채운다. 때때로 헤르메스는 표가 들어갈 지면을 확장하기 위하여 종이 한 장을 추가로 이어붙여 접고 펼 수 있게 만들어야 했다. 독자에게 통찰을 제공할 만한 개요 설명이나 "정리" 또는 "증명"처럼 이정표가 될 만한 문구는 거의 없다.

논문 전체가 제본되어 있긴 하지만, 그 논문을 그냥 운반하는 것은 사실상 불가능했다. 그래서 헤르메스는 특별히 나무 궤짝의 제작을 의뢰했다. 그의 논문은 그 궤짝 안에 담긴 채로 괴팅겐 대학교 수학 연구소에 제출되었다.

왜 괴팅겐일까? 당시에 괴팅겐은 수학의 세계적 중심으로 통했기 때문이다. 카를 프리드리히 가우스가 있던 시절 곧 1855년까지는 확실히 괴팅겐이 세계 수학의 중심이었다. 1886년부터는 뛰어난 수학자였을 뿐 아니라 대단히 성공적인 학문 관리자였던 펠릭스 클라인이 부임하여 괴팅겐을 다시 세계 최고의 지위로 올려놓기 시작했다.

헤르메스의 논문은 펠릭스 클라인에게 직접 전달된 것으로 보인다. 클라인은 헤르메스에게 논문의 요약본을 『괴팅겐 과학 협회보』에 출판할 기회를 주었다. 클라인은 헤르메스를 이렇게 칭송했다. "헤르메스 교수는 링엔에서 인생의 10년을 정65,537각형에 쏟아부어 가우스의 접근법에서 나오는 제곱근 등을 모두 정확히 탐구했다. 엄청난 공이 들어간 그의 『일기』는 괴팅겐 대학교 수학과의 수장고에 보관될 것이다."

~~~~~~~~~~

그런 논문을 쓴다는 것은 거의 상상하기 어렵다. 하지만 그 논문을 읽는다는 것, 다시 말해 꼼꼼히 톺아보면서 논증들을 차근차근 검증한다는 것도 마찬가지로 상상하기 어렵다. 이 과업을 실행한 사람은 아직 없다. 그러나 오스트레일리아 수학자 조앤 테일러가 정 65,537각형의 좌표들을 정확히 계산하는 컴퓨터 프로그램을 짰다. 그리고 그녀는 자신의 프로그램이 산출한 표들이 헤르메스가 작성한 표들과 매우 유사함을 발견했다. 따라서 헤르메스가 수학적으로 옳은 연구 결과를 얻었다고 판정할 근거가 충분히 있다.

5,607,249

오팔카 수

프랑스에서 태어난 폴란드 미술가 로만 오팔카(1931-2011)는 1965년에 처음으로 화폭에 수들을 적었다. 먼저 왼쪽 위 귀퉁이에 1을 적고, 이어서 2를 적고, 그다음에 3을 적는 식으로 계속 적었다. 구할 수 있는 가장 가는 붓으로 아주 작은 숫자들을 검은 바탕 위에 공들여 하나씩 그려 넣었다. 첫째 날 저녁에 그 화폭은 아직 완전히 채워지지 않았다. 그래서 그는 이튿날에도 계속 숫자를 그렸다.

그 후에도 아주 많은 날들이 필요했다. 그 첫째 그림이 완성되기까지 총 7개월이 걸렸다. 그는 「오팔카 1965/1-∞」이라는 제목을 붙였다.

하지만 이 제목은 그 회화 작품의 명칭이 아니라 그 작품을 출발점으로 삼은 프로젝트의 명칭이었다. 그 그림에 적힌 마지막 수는

35,327이었는데, 이 수는 전혀 무한하지 않으니까 말이다.

오팔카는 계속해서 두 번째 화폭에 수들을 적었다. 그 화폭에 적은 첫 번째 수는 35,328이었다. 이런 식으로 그는 작업을 이어갔다.

오팔카는 필생의 주제를 발견한 것이었다. 그는 수들을 적었다. 끊임없이. 하루에 몇백 개씩. 삶이 끝날 때까지 이 작업을 했다. 다른 작품은 그리지 않았다. 그는 무한으로 나아가는 수열 안에서 살았으며 다른 작품을 생각할 여력이 없었다.

한마디 보태면, 그는 개별 회화에 「세부Details」라는 제목을 붙였다. 왜냐하면 개별 작품은 전체 프로젝트 「오팔카 1965/1−∞」의 무한히 작은 일부만 보여주기 때문이다.

1970년부터 그는 수들을 그려 넣으면서 소리 내어 읽었다. 더 나아가 1972년부터는 점점 더 환한 화폭을 사용했다. 매년 바탕색을 만들 때마다 흰색의 비율을 1퍼센트씩 늘렸다. "나는 센다. 나는 적는다. 끊임없이, 꾸준히, 하나부터 무한까지. 수들은 늘 단색의 바탕 위에 흰색 붓칠로 그려지는데, 그 바탕은 처음에 검은색이었지만 작품이 바뀔 때마다 차츰 더 환해진다. 바탕색은 점점 더 흰색에 가까워진다. 결국 흰색 바탕 위의 흰색 글씨를 더는 볼 수 없게 될 것이다. 그 상태가 실현되고 나면, 내 삶이 끝날 때까지 그 상태가 지속될 것이다."

오팔카의 작품들은 미술품 시장에서 엄청난 가격에 팔렸고 지금도 그러하다. 오팔카 본인은 열성적인 추종자들을 거느리게 되었다. 그는 2011년 8월 6일에 사망했다. 그의 작업은 그날에도 이어지고 있었다. 그가 마지막으로 그려 넣은 수는 5,607,249였다. 이것은 역사를 통틀어 인간이 센 가장 큰 수다.

~~~~~~~~

수들은 왜 끝없이 이어질까? 우리가 관찰할 수 있는 모든 시간적 과정은 유한하다. 자연스럽게 종결되거나 다시 처음부터 시작되기를 반복한다. 요일들은 일요일 다음에 다시 처음으로 돌아가고, 달은 새해부터 다시 1월에서 시작한다.

우리가 경험적으로 헤아릴 수 있는 모든 수는 유한하다. 우주에 있는 모든 원자의 개수, 빅뱅 이후 흘러간 시간을 나노초 단위로 따져서 얻은 수도 마찬가지다. 실재하는 모든 것은 유한하다.

우리가 아는 수학에서 무한은 중대한 역할을 한다. 그리고 사람들은 무한은 그렇게 중대한 역할을 해야 한다고 생각한다. 그러나 유한하게 많은 대상만 다루는 수학도 얼마든지 상상할 수 있다(실제로 조합론combinatorics을 비롯한 일부 수학 분야들은 유한한 구조들만 다룬다). 그런 수학에서는 가장 큰 수가 존재할 것이며, 무리수는 존재하지 않을 테고, 함수의 연속성과 미분 가능성은 무의미할 것이다. 무한히 많은 실수의 도움 없이 물리학과 기술이 어떻게 작동할지, 우리로서는 상상하기 어렵다.

그러나 유한한 수학도 논리적으로 일관될 수 있다. 따라서 우리는 다음과 같은 확실한 입장을 취해야 한다. '우리가 무한을 원한다면, 우리는 무한을 원해야 한다.' 수학자들은 무한을 향한 의지를 하나의 공리로 표현한다.

에른스트 체르멜로(1871-1953)는 무한이 "그냥 주어지지 않음"을 최초로 명확히 깨달았다. 바꿔 말해 무한은 다른 공리들로부터 자동으로 도출되지 않는다. 무한은 우리 인간이 정립하는 대상이다. 논문 「무한 공리Unendlichkeitsaxiom」(1908)에서 체르멜로는 바로 그 정립을 실행했다. 이를 위해 그가 요구한 바는 본질적으로 자연수들의 존재였다.

$2^{67}-1$

말 없이

1903년 10월 31일, 미국 수학자 프랭크 넬슨 콜(1861-1926)은 미국수학회 회의에서 수학사를 통틀어 가장 독특한 강연 중 하나를 했다. 그 강연은 사실상 강연이 아니었기에, 오히려 "비(非)강연 Nichtvortrag"이었다고 하는 편이 더 적절하다.

콜이 다룬 주제는 "메르센 소수"였다. 프랑스 신학자 겸 수학자 마랭 메르센(1588-1648)은 소수를 찾아내는 공식을 추구한 많은 사람들 중 하나였다. 그는 수식 2^n-1을 주목했다. n=2면, 수식의 값은 $2^2-1=3$이다. 3은 소수다. n=3일 때도, $2^3-1=7$이므로, 소수가 나온다. 그러나 n에 4를 대입하면, $2^4-1=15$이므로, 소수가 나오지 않는다. 메르센은 곧바로 다음과 같은 확신에 이르렀다. '수식 2^n-1의 값은 오직 n이 소수일 때만 소수일 수 있다.'

역설처럼 들리지만, 실은 역설이 아니다. 지수 n은 상대적으로 작고, 수식의 값은 크다는 점을 유념하라. 예컨대 작은 지수 n=7이 산출하는 값은 소수 $2^7-1=127$이다. 문제는 이 값 127을 다시 지수로 삼아도 저 수식에서 소수가 값으로 나오느냐, 또 그 값을 또다시 지수로 삼아도 마찬가지냐, 등이다.

세상은 그리 호락호락하지 않다. n이 소수여도, 저 수식에서 소수가 아닌 값이 나올 때가 있다. 이 사실을 메르센도 이미 알았다. $2^{11}-1=2,047$은 23과 89의 곱이며 따라서 소수가 아니다.

그러므로 모든 각각의 소수 p에 대해서 2^p-1이 정말로 소수인지 아닌지 검사해야 한다. 콜이 독특한 강연을 할 당시, p=67일 때 2^p-1이 소수인지 여부는 아직 밝혀져 있지 않았다. 물론 메르센은 $2^{67}-1$이 소수라고 주장했지만, 1876년에 프랑스 수학자 에두아르 뤼카는 그것이 소수일 수 없음을 증명했다. 그러나 뤼카는 $2^{67}-1$의 약수들이 정확히 무엇인지 댈 수 없었다.

그 약수들을 찾아내는 것이 바로 프랭크 넬슨 콜이 자임한 과제였다. 그리고 그는 1903년 10월 31일의 회의에서 성공을 선언했다. 사회자의 강연자 소개가 끝나자, 콜은 자리에서 일어나 강단의 왼쪽 칠판으로 가서 분필을 집어 들고 칠판 위쪽에 $2^{67}-1$을 적었다. 그러면서 아무 말도 하지 않았다. 이어서 그는 그 수식의 값을 계산했다. 어떻게 계산했는지는 전해지지 않지만, 원리적으로 그 계산은 어렵지 않다. 어쩌면 그는 곱셈을 67번 했을 것이다. 즉, 1, 2, 4, 8,…을 차례로 계산한 다음에 맨 마지막에 1을 뺄 것이다. 혹은 2^{67}을 $2^{10+10+10+10+10+10+7}$으로 바꿔 썼을 수도 있다. 후자는 $2^{10} \cdot 2^{10} \cdot 2^{10} \cdot 2^{10} \cdot 2^{10} \cdot 2^{10} \cdot 2^7$과 같다. 그런데 $2^{10}=1,024$, $2^7=128$ 이므로, 그는 "단지" 곱셈 $1,024 \cdot 1,024 \cdot 1,024 \cdot 1,024 \cdot 1,024 \cdot 1,024 \cdot 128$만 하면 되었다.

아무튼 콜은 계산 결과로 147,573,952,589,676,412,927을 얻었다.

이 수를 얻은 다음에 콜은—여전히 아무 말 없이—오른쪽 칠판으로 가서 193,707,721과 761,838,257,287을 곱셈하는 작업에 착수했다. 그는 우리 모두가 학교에서 배운 곱셈 방법을 사용했다. 종이에 숫자들을 써가면서 곱셈하는 방법 말이다. 그렇게 꼼꼼하고 참을성 있게 계산 끝에 콜은 왼쪽 칠판에 적혀 있는 수와 똑같은 수를 얻었다.

이어서 그는 다시 자리에 앉았다. 그 한 시간 동안의 "강연" 내내 콜은 침묵했다. 그럼에도 청중은 기립박수로 경의를 표했다. 훗날 그는 그 약수들을 어떻게 찾아냈냐는 질문을 받고 다음과 같이 짧게 대답했다. "3년 동안 일요일마다."

~~~~~~~~~~

큰 소수를 찾아내는 것은 오늘날에도 아주 매력적인 과제다. 수학자라면 누구나 알듯이, 무한히 많은 소수가 존재한다. 이 명제를 처음으로 증명한 사람은 기원전 300년경에 활동한 유클리드다.

소수가 무한히 많다는 것은, 특정 시기에 알려진 최대 소수는 절대적인 최대 소수가 결코 아니라는 것을 의미한다. 유클리드의 명제는 항상 더 큰 소수가 존재한다고 말해준다.

최근 수십 년 동안 최대 소수의 자리에 오른 수들은 모두 2^p-1의 형태다. 즉, 메르센 소수들이다. 그러나 오늘날 거론되는 크기의 등급은 콜의 시대와 전혀 다르다. 현재 알려진 최대 소수는 2018년에 발견된 $2^{82,589,933}-1$이다. 이 수식을 계산해서 결과를 십진수로 적는다면, 24,862,048개의 자리로 이루어진 수를 적어야 할 것이다. 바꿔 말해 그 수의 크기의 등급은 $10^{24,862,048}$이다. 즉 그 수는 빅뱅 이후 현재까지의 시간을 나노초로 따졌을 때 나오는 수보다 크기의 등급으로도 훨씬 더 크다. 프랭크 넬슨 콜이 나선다고 하더라도, 이 수가 소수인지 아닌지를 손으로 계산해서 검증하는 것은 성공할 가망이 없는 기획이다.

여담인데, 새로운 최대 소수를 찾아내는 경쟁에 누구나 뛰어들 수 있다. 인터넷에서 "Great Internet Mersenne Prime Search (GIMPS)"를 검색하면, 최대 메르센 소수를 자동으로 찾아내는 프로그램을 내려받을 수 있다. 행운을 빈다!

-1

터무니없는 수

교수가 강의실 앞에 서 있다. 그는 학생 다섯 명이 강의실에 들어가는 것을 보고 얼마 후에 여섯 명이 나오는 것을 본다. 교수는 생각한다. "이제 한 명이 들어가면, 강의실이 다시 텅 비겠군."

이 고전적인 수학 재담은 음수가 외견상 역설적이라는 점을 훌륭하게 지적한다. 다음과 같은 질문은 충분히 일리가 있다. "아무것도 없는데 몇 개를 더 뺀다고? 그게 말이 되나?" 빈털터리인 사람의 주머니에서 돈을 꺼낼 수는 없지 않은가!

이런 의문과 찜찜함 때문에 사람들은 수천 년 동안 음수를 받아들이기를 꺼렸다. 실제로 수의 나라에서 동등한 권리를 인정받기까지 가장 오래 기다려야 했던 수는 음수다. 모든 상인은 계산할 때 분수를 사용했고, 수학자는 제곱근을 구했으며 원주율 π도 적잖이 쓰였다. 오로지 음수만 금기(禁忌)로 남았다.

많은 경우에 음수는 필수적이지 않다. 음수를 배제하면 조금 더 불편해질 뿐이다. 예컨대 오늘날 우리는 단 하나의 일반적인 이차방정식이 존재한다고 말한다. 그 이차방정식은 $x^2+px+q=0$이며, 이때 p와 q는 (양수와 음수를 막론하고) 임의의 수일 수 있다. 만약에 음수가 없다면, 예컨대 $x^2+4x-2=0$은 마이너스 기호 때문에 무의미한 기호열로 전락할 것이다. 오늘날 우리는 방정식 $x^2+4x=2$를 방정식 $x^2+4x-2=0$으로 "변형"한다고 말하지만, 옛날 사람들에게 이 둘째 수식은 방정식이 전혀 아니었을 것이다.

음수가 도입되기 이전에 사람들은 이차방정식을 아래와 같은 네 가지 유형으로 구분해야 했다(차수가 더 높은 방정식은 훨씬 더 많은 유형으로 구분해야 했다).

$$x^2+px+q=0, \ x^2+px=q, \ x^2+q=px, \ x^2=px+q$$

이때 p와 q는 항상 양수다. 이차방정식의 해법도 이 유형들에 맞게 네 가지가 필요했다.

사람들이 뺄셈과 그 결과를 생각할 수 없었냐 하면, 그것은 전혀 아니다. 12-5는 아무 문제도 없었다. 이 뺄셈 앞에서 사람들이 항상 떠올린 것은 특정한 개수의 대상들에서 일부를 제거하는 작업이었다. 그 작업을 하고 나면 특정한 개수의 대상들이 남는다. 그 개수는 양수이거나 극단적일 경우 0이다. 그러나 −3개가 남을 수는 없다.

음수는 언제 필수적으로 되었을까?

돈을 계산할 때는 불가피하게 수입과 지출, 혹은 자산과 부채를 따지게 된다. 이런 금전적 상황을 일상언어로 다루는 한에서는 아무 문제도 발생하지 않는다. 이를테면 "내가 3원을 벌고 5원을 썼으니까, 나는 빚이 2원 있어"라고 말하면 된다. 그러나 이 상황을 수학의 언어로 번역하려면, 뺄셈 3-5의 결과를 표현할 수 있어야 한다. 그래서 사람들은 "빚 2원"이라고 말하는 대신에 간단히 "-2"라고 적었다.

이 "자산-부채 모형"은 음수를 포함한 많은 계산 규칙을 납득할 수 있게 해준다. 일찍이 인도 수학자 브라마굽타(598-665)에 이어 피보나치도 저서 『계산 책』(1202)에서 음의 양을 계산에 사용했다. 피보나치는 추상적인 마이너스 기호를 드문드문, 어쩌면 "부주의로" 허용한다. 이를테면 방정식의 해에 마이너스 기호가 붙는 것을 허용한다.

자산과 부채를 생각하면 -3+-5가 무엇인지 잘 이해할 수 있다. 이 계산의 의미와 결과는 이러하다. "부채 3원에 부채 5원이 추가된다. 결과는 부채 8원이다." 이를 나타내는 수식은 -3+-5=-8이다. 일반적으로 음수들의 덧셈(과 뺄셈)은 이해하는 데 문제가 없다고 할 수 있다.

(-3)·4도 잘 이해할 수 있다("부채 3원의 네 배"). 수식으로 적으

면, $(-3)\cdot4=-12$다. 바꿔 말해 "음수 곱하기 양수" 형태의 곱셈도 원리적으로 문제가 없다.

하지만 $4\cdot(-3)$은 다르다. 이 곱셈은 빚 모형으로 해석할 수 없다 ("자산 4원의 -3배"). $4\cdot(-3)$를 계산하기 위하여 수학자들은 "교환법칙"을 동원한다. 교환법칙에 따르면, 곱셈에서 수들의 순서는 중요하지 않다. 즉, 임의의 수 a와 b에 대하여 $a\cdot b=b\cdot a$가 성립한다. 이 법칙이 음수에도 타당하다면, 이런 결론을 내릴 수 있다. $4\cdot(-3)=(-3)\cdot4=-12$.

음수가 존재할 권리를 인정하고 마이너스 기호를 단지 빚의 축약 표현으로 취급하지 않은 최초의 인물은 독일 남서부 슈바벤 지방 출신 신학자 겸 수학자 미하엘 슈티펠(1487-1567)이었다. 그는 저서『종합 산술Arithmetica integra』(1544)에서 음수를 수로 취급한다. 비록 여전히 "터무니없는 수들numeri absurdi" 혹은 "허구적인 수들numeri ficti"이라는 명칭을 사용하긴 하지만 말이다. 슈티펠은 그 허구적인 수들이 수학에 더없이 유용하다고 말한다("haec fictio summa utilitate per rebus mathematicis")

프랑스 기술자 겸 수학자 알베르 지라르(1590-1663)는 저서『대수학에 관한 새로운 발명Invention nouvelle en l'algèbre』(1629)에서 음수와 양수의 지위가 동등하다고 쓴다. 그는 음수와 양수를 방정식의 계수로 동등하게 사용하고 방정식의 해로 양수뿐 아니라 음수도 받아들인다.

음수 곱하기 음수는 왜 양수일까?

대체 왜 (-1) 곱하기 (-1)은 +1일까? (-1) 곱하기 (-1)은 6이라고, 또는 -7이라고, 또는 π라고 정의해도 되지 않을까? 솔직히 대답하면, 그렇게 정의해도 된다. 그러나 모든 정의에서 그렇듯이 관건은 옳으냐 그르냐가 아니라 유용하냐 하는 것이다. 바꿔 말해, 이 정의가 나중에 도움이 될지, 아니면 이 정의 때문에 우리가 불필요하게 곤란을 겪게 될지가 중요하다.

수학자 헤르만 항켈(1839-1873)은 $(-1) \cdot (-1) = +1$이라는 정의를 옹호하는 기발한 묘수를 발명했다. 그는 그 묘수를 "영속 계열 Permanenzreihen" 방법으로 명명했다. "영속 계열"이란 서로 유사한 등식들의 계열이다. 계열이 진행하면, 매 단계에서 두 구분이 살짝 바뀐다.

$$3 \cdot (-1) = -3$$
$$2 \cdot (-1) = -2$$
$$1 \cdot (-1) = -1$$
$$0 \cdot (-1) = 0$$

이 등식들이 옳다는 점을 우리는 예컨대 부채 모형을 통해 확신할 수 있다.

그런데 등식들에서 맨 왼쪽에 놓인 수들의 계열을 보라. 3, 2, 1, 0이다. 특별한 상상력이 없더라도, 다음에 나올 수는 틀림없이 -1임을 알 수 있다. 반면에 등식들의 우변에는 -3, -2, -1, 0이 놓여 있다. 역시 특별한 지능을 발휘하지 않아도, 다음 수는 틀림없이 +1임을 알 수 있다.

이 두 가지 생각을 종합하면, 다음 등식이 만들어진다. 즉, 맨 왼쪽에 (-1)을 적고 우변에 =1을 적으면 (-1)·(-1)=+1이 완성된다. 놀랍지 않은가? 이것은 다름 아니라 "음수 곱하기 음수는 양수"라는 계산 규칙이다.

이 "영속 계열" 설명은 설득력뿐 아니라 정당성도 갖췄다. 왜냐하면 이 설명 방식은 우리가 양수를 다룰 때 익숙하게 사용하는 것이기 때문이다. 아무튼 이 설명은 모순을 일으키지 않는다.

그럼에도 (-1)·(-1)=+1은 근거 없이 정한 규칙이며 이론적으로는 다르게 정할 수도 있었다고 여전히 반발할 수 있을 터이다. 옳은 반발이다. 그러나 수학적 관점에서 볼 때 저 규칙은 유일하게 합리적인 규칙이다.

2/3

분할된 수

전설에 따르면, 피타고라스는 어느 날 산책 도중에 대장간을 지나갔다. 아마도 처음이 아니었고, 대장장이가 망치로 쇠를 내리치는 요란한 소음을 그가 처음 들은 것도 아니었다. 하지만 그날따라 그 소음들이 유난히 잘 조화되어 멋진 화음을 이뤘고, 피타고라스는 그 화음에 매료되었다. 왜 그런 화음이 만들어지는지 그는 궁금했다.

피타고라스는 대장간에 들어서면서 대장장이가 든 망치를 주목했다. 저 망치가 중요하다는 생각이 절로 들었다. 망치의 무게에 따라 다양한 음높이가 만들어지고 음들이 어울려 화음을 이루려면 망치의 무게들이 적절한 비율을 이뤄야 할 것이라고 그는 생각했다.

그것이 피타고라스의 추측이었다. 그러나 그 추측은 옳지 않았다. 하지만 바탕에 깔린 아이디어는 옳았고 탐구를 북돋웠으며 전망이 밝았다. 그 아이디어는 오늘날까지도 수학과 음악을 지배한다. 그것은 음높이를 수로 기술할 수 있으며 음정(음높이 두 개 사이의 차이)을 수들의 비율로 기술할 수 있다는 아이디어다.

피타고라스의 제자들은 악기들에서 음과 수의 관련성을 감지했다. 특히 중요한 연구 결과는 "일현금monochord"이라는 악기를 가지고 한 실험에서 나왔다.

고대의 일현금은 현이 하나만 있는 악기다. 연주자는 그 현을 튕겨서 음을 낸다. 다양한 음을 내기 위하여 연주자는 적당한 위치에서 현을 두 부분으로 나눈다. 방법은 기타나 바이올린에서 연주자가 왼손 손가락으로 현을 누르는 것과 유사하다. 일현금의 현을 그렇게 나눈 다음에 왼쪽 부분과 오른쪽 부분을 튕기면, 두 개의 음이 난다. 그 음들은 때때로 유난히 잘 조화된다. 언제 그러냐면, 두 음이 "순음정" 곧 순수한 음정을 이룰 때 그렇다. 순음정이란 옥타브, 5도, 4도 등이다. 피타고라스가 대장간에서 들었던 아름다운 소리가 바로 순수한 음정이다.

피타고라스주의자들은 순음정이 발생할 때마다 현의 두 부분의 길이를 측정함으로써 대단한 통찰에 이르렀다. 그 통찰은 스승의 아이디어를 그야말로 경이롭게 입증했다. 옥타브가 발생할 때 현의 길이들의 비율은 2:1, 5도 음정이 발생할 때 그 비율은 3:2, 4도 음정이 발생할 때의 비율은 4:3이다. 한마디로, 음정이 더 순수할수록 수들의 비율이 더 단순하다. 수들의 비율이 더 복잡할수록 발생하는 소리도 더 복잡하다.

이 관찰 결과의 영향은 음악과 수학 모두에서 막대했다. 음악(적어도 서양음악)에서 피타고라스주의자들의 발견은 사람들이 옥타브, 5도, 4도, 3도 등의 음정에 집중하게 만들었고 결국 음계와 음계에 대한 수학적 이해를 낳았다.

수학에서도 사람들의 시야가 자연수 너머로 확장되었다. 이제 자연수는 개별 대상으로만 취급되면서 예컨대 무언가의 개수를 셀 때만 사용되지 않았다. 사람들은 자연수 두 개를 하나의 비율로 간주할 줄 알게 되었다. 따라서 이런 말을 할 수 있었다. "두 구간의 비율이 3과 5의 비율과 같다." "이쪽 두 구간의 비율과 저쪽 두 구간의 비율이 같다."

그리스 수학자들은 방대한 비율 이론을 개발했다. 그들은 수들의 비율을 가지고 고난도의 계산을 할 수 있었다. 그러나 수들의 비율 자체를 "수"로 취급하는 것은 극구 꺼렸다.

오늘날 우리는 분수를 수학에서 "유리수rational number"라고 부르는데, 이 명칭은 그리스 수학자들의 비율 이론을 연상시킨다. 이 명칭의 어원인 라틴어 'ratio'는 '비율'을 뜻하니까 말이다.

그러나 철저히 실용적인 다른 상황들에서도 사람들은 자연수 1, 2, 3, …이 엉성한 도구에 불과함을 알아챘다. 길이 측정에서 자연수의 정밀도는 충분하지 않았다. 두 자연수, 이를테면 1과 2 "사이"의 값을 파악해야 하는 경우가 흔히 있었다. 물건들을 분배할 때도 자연수는 만능의 도구가 아니었다. 빵 세 덩어리를 여덟 명에게 나눠주려면 어떻게 해야 할까? 오늘날 우리는 "분수"를 이용해야 한다는 정답을 당연한 듯이 떠올리지만, 고대인들은 그 정답을 생각해내기가 무척 어려웠다.

분수의 개념이 없거나 그 개념을 꺼린다면, "1보다 더 작은 단위"의 개념을 생각해볼 수 있다. 오늘날 우리도 이 원리를 활용하여 쉽게 와닿지 않는 0.001미터를 1밀리미터로 바꿔 부른다. 돈의 단위 변환은 우리에게 더 익숙하다. 우리는 1유로를 100센트로 나눌 수 있고, 덕분에 1유로보다 작은 0.5유로나 0.83유로를 지불할 수 있다.

로마인도 1보다 작은 수를 최소한 표현하기 위하여 이 아이디어를 활용했다. 로마인은 1아스◆를 12온스로 나눴으며, 이 분할을 워낙 자주 하다 보니 "온스"를 분수 1/12을 가리키는 단어로 사용하기까지 했다. 그들은 온스를 더 분할하여 더 작은 금액을 기술할 수도 있었다. 그러나 각각의 분수에 고유한 이름이 붙어 있었기 때문에, 분수를 가지고 계산하는 것은 거의 불가능했다.

반면에 세계의 다른 곳들에서는 일찍부터 진정한 분수 계산이 발달했다. 예컨대 중국 수학자들은 이미 로마 시대에 일상적으로

◆ 로마 화폐 단위.

분수를 가지고 계산을 했다. 인도인은 기원후 500년경에 분수 계산을 완벽하게 할 줄 알았다. 그 계산 방법의 한 예를 브라마굽타 (598–665)의 저술에서 볼 수 있다. 인도인의 분수 표기는 오늘날의 표기와 거의 일치한다. 분모 위에 분자가 적혀 있는데, 중간에 가로 선은 없다.

그 가로 선은 아랍인이 발명했다. 유럽에서는 그 선을 피보나치가 (저서 『계산 책』에서) 처음으로 사용했다. 분모와 분자를 가르는 비스듬한 선은 18세기에 발명되었는데, 왜냐하면 인쇄물에서 분자와 분모 사이의 가로 선을 구현하기가 기술적으로 어려웠기 때문이다.

분수는 자연수에는 없는 속성들을 지녔다. 그래서 분수는 우리에게 훨씬 더 풍부한 수의 세계를 엿볼 기회를 준다. 특히 다음과 같은 속성들을 주목할 만하다.

- 분수들의 계열 1/2, 1/3, 1/4, 1/5, 1/6,…을 보면, 각각의 분수가 앞선 분수보다 더 작음을 쉽게 알 수 있다. 신기하게도 분모가 더 커질수록, 분수는 더 작아진다.

- 우리는 분수를 사용하여 측정을 얼마든지 정확하게 할 수 있다. 바꿔 말해, 분모를 점점 더 늘림으로써 주어진 수에 얼마든지 가깝게 접근할 수 있다. 9/10만 해도 벌써 1에 가깝다. 그러나 99/100는 1에 더 가깝고, 9,999/10,000는 더욱더 가깝다.

수학 용어로 말하면, 분수들은 모든 실수들의 집합 안에 "조밀하게" 들어 있다.

- 임의의 두 분수 사이에 무한히 많은 분수들이 있다. 이 사실을 다양한 방식으로 설명할 수 있다. 예컨대 1/4과 1/2 사이에는 이들의 평균값(산술평균)이 있다. 그 값은 (1/4+1/2)/2=3/8 이다. 1/4과 3/8 사이에도 이들의 산술평균 5/16가 있다. 1/4 과 5/16 사이 등에도 마찬가지다.

- 동일한 수를 다양한 분수로 표현할 수 있다는 점도 특이하다. 이를테면 2/3=4/6=3/9=16/24=⋯이다. 요컨대 분수의 크기 는 분자 및 분모의 크기와 직접적인 관련이 없다. 분모와 분자 가 모두 크더라도, 분수는 아주 작을 수 있다.

- 계산에서는 더 이색적인 속성들이 나타난다. 특히 0과 1 사이 의 분수들에서 그러하다. 자연수에 그런 분수를 곱하면, 결과 는 원래 자연수보다 더 작아지고, 자연수를 그런 분수로 나누 면, 결과는 원래 자연수보다 더 커진다.

~~~~~~~~~~~

이집트 수학자들은 이미 4,000년 전에 분수를 표기하는 방법을 가지고 있었다. 더 정확히 말하면, "단위분수unit fraction"라는 특 별한 분수를 표기할 수 있었다. 단위분수란 1/2, 1/5, 1/37처럼 분자가 1인 분수를 말한다. 단위분수를 적으려면, 대응하는 자연수 기호 위에 특별한 타원형 상형문자를 덧붙였다. 그 상형문자는 "입"을 가리키는 기호였다. 그 기호가 붙으면, 4가 1/4로 되고, 10이 1/10로 되는 식이었다.

이집트인은 단위분수만 적을 수 있었기 때문에, 모든 계산 결과를 단위분수들의 합으로 표현해야 했다. 더 나아가 그들은 제각각 다른 단위분수들로 계산 결과를 표현하기를 원했다. 그리하여 계산 결과가 우리의 표기법으로 2/5일 경우, 이집트인은 1/5+1/5이 아니라 1/3+1/15로 적었다. 이 표기가 옳다는 점은 다음과 같이 쉽게 확인할 수 있다. 1/3+1/15=5/15+1/15=6/15=2/5.

이것은 역설적인 상황이다. 분수 2/5는 우리에게 계산의 결과인데, 이집트인에게는 풀어야 할 문제였고, 그들은 결과 1/3+1/15을 얻기 위해 2/5=1/3+1/15임을 계산으로 알아냈다. 반대로 우리는 수식 1/3+1/15을 문제로 간주하고 1/3+1/15=2/5를 계산으로 알아낸다.

하지만 주어진 수를 제각각 다른 단위분수들의 합으로 나타내는 것은 과연 간단한 과제일까? 실제로 해보면 만만치 않음을 알게 된다. 가장 먼저 떠오르는 방법은 주어진 수보다 작은 단위분수들 가운데 가장 큰 것을 찾아내어, 주어진 수에서 그 단위분수를 빼는 것이다. 예컨대 2/5를 서로 다른 단위분수 두 개의 합으로 나타내려면, 우선 2/5가 1/3보다 약간 크다는 점을 간파하여 2/5−1/3을 계산한다. 두 분수의 분모를 5·3=15로 바꾸면, 뺄셈은 6/15-5/15로 변형된다. 뺄셈의 결과는 1/15이므로, 2/5=1/3+1/15이다.

마찬가지로 2/7=1/4+1/28, 2/9=1/5+1/45이다. '린드 파피루스Rhind Papyrus'(기원전 약 1650년)는 이집트 수학에 대한 우리 지식의 대부분이 나온 출처인데, 그 문헌에는 2/5, 2/7, 2/9,…, 2/101를 서로 다른 단위분수 두 개의 합으로 표현한 목록이 포함되어 있다.

모든 분수를 서로 다른 단위분수 두 개로 표현할 수 있는 것은 전혀 아니다. 예컨대 3/7을 그렇게 표현할 수는 없다. 그러나 이 분수를 서로 다른 단위분수 세 개로 표현할 수는 있다. 우선 3/7=1/3+2/21다. 그리고 2/21는 방금 설명한 방법을 써서 서로 다른 단위분수 두 개의 합으로 나타낼 수 있다. 즉, 2/21=1/11+1/231이다. 따라서 3/7=1/3+1/11+1/231이다.

실제로 3/n 형태의 모든 분수는 최대 세 개의 서로 다른 단위분수들의 합으로 나타낼 수 있다.

이쪽 방면에서는 아직 많은 질문이 미해결로 남아 있다. 예컨대 다음 질문이 그러하다. 4/n 형태의 모든 분수를 최대 세 개의 서로 다른 단위분수들의 합으로 나타낼 수 있을까?

3.125

간단하지만 천재적인

1585년에 얄팍한 소책자 하나가 출판되었다. 전체가 딱 37쪽. 저자인 플랑드르의 회계사 겸 기술자 겸 수학자 시몬 스테빈(1548/49 – 1620)의 포부는 대단했다. 계산은 간단하다는 기쁜 소식을 온 세상에 알리는 것이 그의 목적이었다.

서문에서 그는 자신의 발견을 서술한다. 마치 뱃사람이 우연히 미지의 섬을 발견하듯이 그는 일부러 탐색하지 않았는데도 발견에 이르렀다고 한다. 또 뱃사람이 그 섬의 보물을, 예컨대 신기한 과일과 값비싼 천연자원을 왕에게 바치듯이, 자신은 이 책에서 그 발견의 엄청난 잠재력에 대해서 보고하겠다고 한다. 그 잠재력은 모두의 예상을 훌쩍 뛰어넘을 정도로 크다면서 말이다.

그 소책자는 제목이 『10분의 1De Thiende』이며, 일상적인 계산을 "엄청나게 간단하게" 만드는 방법을 서술한다. 그 방법의 요점은 분수 계산을 일관되게 피하는 것이다. 그러면 모든 계산(덧셈, 뺄셈, 곱셈, 나눗셈)이 자연수 계산만큼 간단해진다고 한다. 시몬 스테빈은 천문학자, 토지 측량사, 재단사, 포도주 상인, 주화 제조 기술자, 기타 모든 상인에게 그 방법을 사용할 것을 권하면서 미리 축하의 말을 건넨다.

그는 이런 예비적인 언급에 그치지 않고 자신의 호언장담을 실행으로 옮기기 시작한다. 그가 발견한 것은 소수(小數, 소수점을 포함한 수)다. 스테빈은 소수를 체계적으로 서술한 최초의 인물이다. 그는 우선 소수란 무엇인지 설명한다. 3.125는 3+125/1,000이다. 이어서 그는 소수를 사용하면 계산이 어떻게 간단해지는지 보여준다. 우리에게는 당연한 얘기지만, 분수 때문에 고생해야 했던 당대 사람들에게 스테빈의 설명들과 예들은 신의 계시와도 같았다.

- 소수들의 크기를 비교하는 것은 아주 쉬운 일이다. 4/7가 3/5보다 더 작은지 아닌지는 판단하기 어렵다. 반면에 0.378이 0.401보다 더 작다는 것은 단박에 알 수 있다.

- 소수들의 덧셈은 사실상 자연수들의 덧셈과 마찬가지로 쉽다. 3/7+5/9은 어렵고 오류를 범하기 쉽지만, 1.37+5.41은 숫자들을 더함으로써 간단히 계산할 수 있다.

- 곱셈과 나눗셈도 간단하다. 스테빈은 몇 개의 예를 들어 이를 명확히 보여준다.

스테빈의 소책자는 요점이 명확하고 설득력이 매우 강했다. 그러나 그는 소수를 사용한 최초의 인물도 아니었고, 소수가 일상화되기까지의 역사가 그에게서 종결된 것도 아니다.

중국에서는 스테빈의 시대보다 여러 세기 먼저 소수가 드문드문 사용되었다. 중국의 소수는 아랍을 거쳐 유럽에 전파되었다. 10세기에 출판된 아랍 수학자 알우클리디시al-Uqlidisi의 저서에 소수가 등장한다. 페르시아 수학자 알콰리즈미는 9세기에 소수를 이슬람 수학에 도입했다. 사마르칸트에서 활동한 수학자 알카시al-Kashi는 저서 『산술의 열쇠』(1427)에서 자신이 소수 계산을 완벽하게 이해했고 사용할 수 있음을 보여주었다.

요컨대 소수는 시몬 스테빈 이전에도 이미 사용되었다. 그러나 소수의 중요성을 알아채고 소수를 체계적으로 서술한 것은 스테빈이 최초다.

그런데 스테빈은 매우 번거로운 방법으로 소수를 표기했다. 그는 1/10의 자리 옆에 동그라미를 친 1을 작게 써넣고, 1/100의 자리 옆에 동그라미를 친 2를 작게 써넣는 식으로 소수를 표기했다. 오해를 유발하지 않는 명확한 방법이긴 했지만, 이해하기 쉬운 방법은 아니었다. 그리하여 소수 표기법을 둘러싼 논쟁의 역사가 시작되었고, 그 역사는 지금도 종결되지 않았다.

비에타(1540-1603)는 16세기 말에 쉼표* 대신에 세로선을 사용했다. 존 네이피어(1550-1617)는 1617년에 출판되어 큰 영향력을 발휘한 저서에서 때로는 점을 사용하고, 때로는 쉼표를 사용했다.

그런데 고트프리트 빌헬름 라이프니츠가 1690년대에 곱셈 기호로 × 대신에 점을 사용하자고 제안했다. 그 결과로 소수를 의미하는 점과 곱셈을 의미하는 점이 경쟁하게 되었다. 예컨대 20세기가 시작되고 한참 뒤에도 영국에서 "3 곱하기 5"는 3.5로 표기되었으며, 3·5는 소수 3.5를 의미했다.

오늘날 (영국을 제외한) 유럽과 남아메리카에서는 쉼표로 소수를 표기하는 반면, 영국과 미국, 오스트레일리아, 많은 아시아 국가들에서는 소수점이 사용된다. 독일에서는 국가 표준 DIN 5008을 통해 쉼표 사용이 규칙으로 정해졌다.

～～～～～～

시몬 스테빈의 소수 찬양은 전적으로 옳다. 그러나 소수가 간단하고 이해하기 쉽기는커녕 난해하고 심지어 신비롭게 느껴지는 경우도 있다. 1/2, 1/3, 3/4, 5/6, 3/7 같은 평범한 분수들은 계산에서 원리적으로 다르게 취급할 필요가 없다. 그러나 이 분수들을 소수로 변환하면 얘기가 달라진다. 1/2과 3/4는 간단히 1/2=0.5, 3/4=0.75다. 반면에 분모가 3, 6, 7 등인 분수를 소

• 유럽 대부분의 나라에서는 쉼표로 소수를 표기하고 자릿수 표기는 마침표나 한 칸 띄우기 방식을 사용한다. 독일 책인 이 책도 소수는 쉼표로, 자릿수 표기는 세 자릿수마다 한 칸 띄우기 방식을 사용하고 있다. 이를테면 이 장의 제목 '3.125'는 '3,125'로, 오팔카 수 5,607,249는 '5 607 249'로 표기되어 있다. 당연히 모두 우리식 표기 방식으로 바꾸었다.

수로 변환하면, 정말 놀랍게도 1/3=0.333⋯, 5/6=0.8333⋯, 3/7=0.428571428571⋯이다. 이 소수들은 자릿수가 무한하다.

분수 a/b를 소수로 변환하면 자릿수가 유한한 소수(유한소수)가 나오는지, 무한한 소수(무한소수)가 나오는지 알 수 있을까? 알 수 있다. 분모 b만 살펴보면 된다. 예컨대 분모가 1,000인 모든 분수는 유한소수다. 예컨대 347/1,000=0.347이다. 분모가 10,000이나 1,000,000인 분수도 마찬가지다. 일반적으로 분모가 10의 거듭제곱인—또는 분모에 적당한 수를 곱하여 10의 거듭제곱으로 만들 수 있는—모든 분수는 유한소수다. 따라서 분모가 4, 50, 125인 분수도 유한소수다. 다른 모든 분모는 분수를 무한소수로 만든다. 더 정확히 말하면, 순환하는 무한소수로 만든다. 예컨대 1/6=0.1666⋯, 1/9=0.111⋯, 1/12=0.08333⋯이다. 이런 소수를 표기할 때 사람들은 계속 반복되는 숫자들(이른바 "순환마디") 위에 점을 찍거나 가로선을 긋는다. 즉, 3/14=0.2142857142857⋯ =0.2$\dot{1}$4285$\dot{7}$=0.2$\overline{142857}$이다. 왜 모든 분수는 유한소수이거나 순환하는 무한소수일까? 왜 분수에서는 예컨대 π에서 일어나는 일이 일어나지 않을까?

한 예로 1/7을 보자. 이 분수를 소수로 변환하려면 1 나누기 7을 계산해야 한다. 실제로 해보면 매 단계에서 나머지가 발생한다. 그 나머지는 당연히 7보다 작으므로, 1부터 6까지의 수 가운데 하나다. 따라서 늦어도 여섯 단계 다음에는 벌써 나온 나머지가 또 나와야 한다. 그리고 이어서 그다음 나머지들이 반복되어야 한다. 그러므로 같은 나머지들이 계속 반복될 수밖에 없고, 따라서 몫들도 계속 반복될 수밖에 없다. 실제로 $1/7 = 0.142857142857\cdots = 0.1\dot{4}285\dot{7} = 0.\overline{142857}$이다.

요컨대 수학에서 "유리수"라고 부르는 분수는 소수의 세계에서 유한소수 및 순환하는 무한소수에 해당한다. 반면에 순환하지 않는 무한소수는 무리수다.

한마디 보태면, 시몬 스테빈도 무한소수의 문제를 알았다. 그러나 그는 그것이 아무런 문제도 아니라고 보았다. 그는 실용적인 관점에서 이렇게 조언했다. '무한소수가 나올 경우에는 소수점 아래 숫자들을 실제 상황에서 필요할 만큼만 따지고 나머지는 무시해야 한다.'

0.000···

무의 숨결

「행복한 한스」는 그림 형제가 채록한 동화인데 담고 있는 교훈 덕분에 다른 모든 동화보다 빼어나다. 한스는 7년 동안 일한 임금으로 자기 머리만 한 금덩이를 받는다. 그런데 고향으로 가다 보니 금세 금덩이가 무겁게 느껴져 말 한 마리와 바꾼다. 그러나 말이 급히 내달리는 바람에 한스는 말에서 떨어진다. 그리하여 그는 말을 암소와 바꿔 유유히 걸어간다. 그러나 한스는 암소에게서 젖을 짜려다가 암소의 발길질에 채여 비틀거리며 쓰러진다. 그 후 그는 암소를 어린 돼지와 바꾼다. 여기저기 떠돌다 한스에게 접근한 젊은 녀석이 돼지를 엉망진창으로 더럽히자, 한스는 돼지를 거위와 바꾼다. 곧이어 가위 가는 사람과 만난 한스는 거위를 숫돌과 바꾼다. 결국 그는 어느 우물가에 앉아 숫돌을 곁에 내려놓는다. 하지만 그는 물을 마시려 일어서다가 숫돌을 밀치고, 숫돌은 우물 속에

빠진다.

오늘날 우리는 한스를 처참한 실패자로 여긴다. 왜냐하면 그는 거래할 때마다 손해를 봐서 자신의 임금을 순식간에 날려버리기 때문이다. 그러나 동화 속 한스는 마음가짐이 전혀 다르다. 그는 이렇게 외친다. "하늘 아래 나처럼 행복한 사람은 없다!" 그리고 "그는 모든 부담에서 해방되어 이제 가벼운 마음으로 어머니가 있는 고향 집으로 내달렸다."

우리는 한스의 손해가 어떻게 극적으로 증가하는지 계산해보고 싶은 충동을 억누르기 어렵다. 금덩이의 가치를 1이라고 하자. 말 한 마리의 가치는 금덩이의 10분의 1쯤 될 것이다. 암소의 가치는 말의 가치의 10분의 1, 따라서 금덩이의 0.01배다. 돼지의 가치는 암소의 가치의 10분의 1, 바꿔 말해 금덩이의 0.001배다. 거위의 가치는 금덩이의 0.0001배, 숫돌의 가치는 고작 0.00001배다.

수학에서는 형태가 0.000⋯1인 소수를 써서 정말로 작은 수들을 표기할 수 있다. 하지만 이 표기는 공이 많이 들고 오류가 발생하기 쉽다. 많은 0을 세어야 하니까 말이다. 이 문제를 해결하는 방법은 두 가지다.

우선 숫자 대신 단어를 사용할 수 있다. 예컨대 '밀리', '마이크로', '나노' 등이 쓰인다. 밀리는 1000분의 1을 뜻한다. 가치를 따지면, 돼지는 1밀리 금덩이와 같다. 마이크로는 백만 분의 1이다. 숫돌은 10마이크로 금덩이와 같다. 끝으로 나노는 10억 분의 1을 뜻한다.

둘째 방법은 0.000…을 적는 방식을 유지하되, 0이 몇 개 나오는지를 명확히 표시하는 것이다. 이를 위해 사람들은 소수점 아래의 몇째 자리에서 처음으로 0이 아닌 숫자가 나오는지 표시한다. 그 자리가 셋째 자리라면, 10^{-3}이라는 표현이 사용된다. 더 정확히 설명하면, 10^{-3}은 0.001과 같다. 10^{-5}은 0.00001과 같다. 1이 소수점 아래 다섯째 자리에 있으니까 말이다. 이 표현은 얼핏 이상하게 느껴지지만 실은 아주 작은 수를 알아보기 쉽게 적는 최선의 방법이다.

세상에서 가장 강력한 독극물 중 하나는 보툴리누스독소다. 이 물질은 '보톡스'라는 상품명으로 널리 알려져 있다. 인간은 체중 1킬로그램당 1나노그램의 보톡스만 주입받아도 죽음에 이른다. 의료와 미용에서 사용되는 보톡스의 양은 그보다 1,000배 적은 1피코그램, 곧 10^{-12}그램 수준이다.

동종요법에서는 훨씬 더 작은 수들이 등장한다. 모든 동종요법 의약품의 명칭은 원료 약물을 알려주는 부분과 그것을 얼마나 희석했는지 알려주는 철자 및 숫자로 이루어져 있다. 예컨대 "Nux vomica D6"은 '마전자Nux vomica'◆에서 추출한 약물을 10^6배로 희석했음을 뜻한다. 이때 철자 D는 10의 거듭제곱을 의미한다. 희석을 의미하는 D6은 사실상 10^{-6}과 같다. D12 의약품은 원

◆ 마전나무의 씨앗.

료 약물을 10^{-12}의 비율만큼만, 다시 말해 1조 분의 1만큼만 함유하고 있다. 명칭에 C가 들어간 의약품도 있다. 이런 의약품들의 희석 비율은 100배씩 증가한다. 따라서 "Arnica C30"의 희석 비율은 $100^{30}=10^{60}$이다. 1리터의 물에 들어있는 물 분자의 개수는 약 10^{24}개에 불과하므로, 시판되는 "Arnica C30" 약병 속에는 원료 약물 분자가 단 하나도 들어있지 않을 것이 거의 확실하다.

하지만 동종요법 종사자들은 희석이라는 말을 사용하지 않는다. 그들은 희석을 "강화Potenzierung"로 간주한다. 그렇다면 "Arnica C30"은 원료 약물을 30단계에 걸쳐 강화한 결과물이다. 이 강화 과정의 매 단계에서 기존 재료는 우선 100배로 희석된 다음에 "휘저어진다." 즉, 가죽 장정의 책처럼 단단하고 탄력적인 물체와 강하게 충돌하는 일("휘젓기 충돌")을 10회 겪는다.

동종요법 의약품의 효과와 그 효과의 입증에 대해서는 합의된 견해가 없다. 맞선 양편이 형성한 전선은 뚜렷하다. 동종요법 옹호자들은 '강화'를 들먹이면서 '포텐츠Potenz(=힘, 에너지)'를 강조한다. 휘젓기를 통해 포텐츠가 생겨난다는 것이다. '강화'를 통해 원료 약물의 양은 줄어들지만 치료 효과는 증가한다고 동종요법 옹호자들은 믿는다. 실제로 희석 비율을 '포텐츠Potenz'로 표기할 수 있다.♦ C30에 이르기까지의 '강화' 과정에서 원료 약물의 비율은 $10^{-2}, 10^{-4}, \cdots,\ 10^{-60}$으로 감소한다.

♦ 독일어 Potenz는 거듭제곱을 뜻하기도 한다.

합리적인 자연과학자들은 다음과 같이 지적한다. 첫째, '포텐츠(=거듭제곱)'라는 수학적 개념은 "힘, 권능, 에너지"를 뜻하는 '포텐츠'와 겉보기에만 유사할 뿐이며, 둘째, 동종요법 의약품에서 등장하는 포텐츠는 음의 포텐츠 즉 지수가 음수인 거듭제곱이다. 자연과학자의 관점에서 보면, 음의 포텐츠는 그 의약품이 효과가 있을 수 없음을 보여주는 증거다.

그러나 동종요법 옹호자와 반대자가 모두 동의하는 바는, 동종요법 의약품이 효과가 있다면, 그 효과는 혹시 그 안에 들어 있을 수도 있는 물질 덕분이지, 숫자를 따져서 설명할 사안은 아니라는 것이다.

~~~~~~~~~~~~~~~~~

$0.999\cdots$는 무엇일까? 대다수 수학자는 $0.999\cdots = 1$임을 "안다." 반면에 몇몇 소수의 수학자와 거의 모든 비수학자는 이를 믿을 수 없고, 수 $0.999\cdots$($0.\dot{9}$ 또는 $0.\overline{9}$로 표기하기도 한다)는 1보다 약간 작아야 마땅하다는 것을 대다수 수학자의 "앎"에 못지않게 철석같이 믿는다.

이 딜레마를 어떻게 해결할 수 있을까? 무엇보다도 먼저 $0.999\cdots$가 어떤 수인지 명확히 밝혀야 한다. 이를 위해 우선 0.9를 살펴보고, 이어서 0.99, 그다음엔 0.999를 살펴보는 식으로 계속 고찰을 이어가자. 그러면 고찰이 이어질수록, 우리가 살펴보는 수는 점점 더 0.999…에 접근한다.

0.999…가 1보다 작을 수 있을까? 혹시 100만분의 1만큼, 곧 10^{-6}만큼 1보다 작을까? 그럴 수는 없다. 왜냐하면 예컨대 수 0.999999999(그리고 우리가 이 수 다음에 살펴보게 되는 모든 수들)와 1의 차이는 100만분의 1보다 작으니까 말이다.

수학 용어로 설명하면 이러하다. 임의로 작은 수 하나가 주어졌다고 하자. 그러면 우리가 고찰하는 수들의 계열, 곧 0.9, 0.99, 0.999 등의 계열에서 어느 지점 다음에 나오는 모든 각각의 수와 1의 차이는 그 주어진 작은 수보다 더 작다. 이 경우에 우리는 그 수들의 계열(곧 수열)이 1로 "수렴한다"라고 말한다.

이 대목에서 두 가지 생각이 가능하다. 압도적인 다수의 수학자들은 이렇게 말한다. "0.999…라는 표현이 의미하는 바는 수열의 극한값이다. 그 극한값이 1이므로, 0.999…=1은 옳다." 반면에 소수의 철학자는 의구심을 버리지 않는다. "0.999…는 1과 아주 조금 다르다고 말할 수도 있을 것이다. 전자와 후자의 차이는 평범한 수가 아니라 '무한히 작은infinitesimal' 양(量)이다. 무한히 작은 수들이란 0과의 차이가 모든 각각의 10^{-k} 형태의 소수보다 더 작은 그런 '수들'이다." 상상하기 어렵긴 하지만, 이런 "비표준 수학"도 고려할 수 있다. 게다가 놀랍게도 비표준 수학도 전통적 수학과 마찬가지로 논리적으로 일관성이 있다.

탁월한 무리수

제곱수를 표기하는 것은 쉬운 일이다. 그리고 정사각형에 대각선을 긋는 것은 일도 아니다.

그런데 정사각형에 대각선 긋기는 세계의 고전들을 다루는 강의의 초반에 중요한 역할을 조용히 한다. 철학자 플라톤(기원전 약 400년에 활동)의 대화편 『메논』에는 주어진 정사각형을 가지고 그보다 면적이 두 배인 정사각형을 작도하는 방법을 한 소년이 배우는 장면이 나온다. 소년은 틀린 시도를 몇 번 하고, 대화 상대인 소크라테스는 매번 적절한 질문으로 그 소년을 깨우쳐 다시 원점으로 돌아오도록 유도한다. 결국 소년은 아래 그림이 보여주는 해답에 도달한다.

주어진 정사각형을 4개 그려서 변의 길이가 2배이고 면적이 4배인 정사각형을 만든다. 이제 작은 정사각형들에 대각선을 긋되,

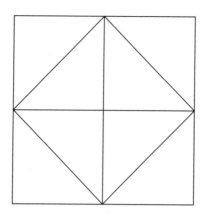

큰 정사각형의 꼭짓점을 통과하지 않는 대각선들을 긋는다. 그러면 새로운 정사각형이 만들어지는데, 이 정사각형의 면적은 정확히 원래 정사각형의 2배다. 왜냐하면 대각선들이 작은 정사각형들의 면적을 이등분하기 때문이다.

기하학적 관점에서 보면 대각선은 이토록 간단하지만, 대각선의 길이를 수를 통해 파악하려 하면 흥미진진한 일이 벌어진다. 정사각형의 대각선의 길이를 묻는 질문은 우리를 새로운 세계로 이끈다.

면적이 2배인 정사각형을 작도하는 문제를 다시 살펴보자. 우리는 처음에 주어진 정사각형의 변의 길이를 1로 간주할 수 있다. 그러면 최종적으로 그려지는 정사각형의 면적은 2다. 그 정사각형의 변의 길이를 g로 표기하면, 면적은 g 곱하기 g다. 따라서 g를 알아내려면, 제곱하면 2가 되는 수를 구해야 한다. 사람들은 그 수를 $\sqrt{2}$ 로 표기하고 "2의 제곱근"이라고 부른다. 바꿔 말해 $\sqrt{2}$ 는 제곱하면 2가 되는 수다.

정밀한 측정을 비롯한 다양한 방법으로 $\sqrt{2}$ 가 대충 얼마인지 알아낼 수 있다. $\sqrt{2}$ 는 약 1.4다. 하지만 정확한 값을 알아내보자. 실제로 해보면, $\sqrt{2}$ 의 값을 점점 더 정확히 알아낼 수 있기는 한데 작업이 영영 종결되지 않는 희한한 일이 벌어진다. 수 $\sqrt{2}$ 는 분수(예컨대 47/33)도 아니고 유한소수(예컨대 1.41)도 아니다. $\sqrt{2}$ 는 무리수다! 즉, 분수 a/b가 $\sqrt{2}$ 와 같아지게 만드는 자연수 a와 b는 존재하지 않는다.

어떻게 이 사실을 확실히 알 수 있을까? $\sqrt{2}$ 가 47/33과 약간 다름을 보여주기는 쉽다. 47/33을 제곱하면 2.028이 나오는데, 이 값은 거의 2와 같지만 정확히 2는 아니니까 말이다. 하지만 그렇다고 $\sqrt{2}$ 가 무리수라는 사실이 증명된 것은 아니다. 이 예는 $\sqrt{2}$ 가 특정한 분수 47/33과 같지 않음을 보여줄 뿐이다. 지금 해야 할 일은 $\sqrt{2}$ 가 어떤 분수와도 같지 않음을 보여주는 것이다.

$\sqrt{2}$ 가 분수일 수 없다는 증명은 수학의 찬란한 보석들 중 하나다. 그 증명은 이미 기원전 300년경에 활동한 유클리드의 『기하학 원본』에도 등장한다.

유클리드의 증명은 원리적으로 이렇게 진행된다. 우선 $\sqrt{2}$ 가 분수 a/b와 정확히 같다고 가정한다. 그리고 이 가정으로부터 서로 모순되는 명제 두 개가 논리적으로 도출됨을 보여준다. 그렇게 모순이 도출되어서는 안 되므로, $\sqrt{2}$ = a/b라는 가정은 거짓일 수밖에 없다. 이로써 증명이 완결된다.

우리는 분수 a/b가 최대한 약분되어 있다고 전제할 수 있다. 즉, a와 b가 모두 짝수일 수는 없다는 명제를 받아들일 수 있다. 이것이 서로 모순되는 두 명제 중 하나다. 이제 우리는 a와 b가 모두 짝수여야 함을 보여줄 것이다. 그러면 모순이 발생하게 된다.

만일 $\sqrt{2}$ = a/b라면, 분수 a/b의 제곱은 2다. 즉 a/b·a/b=2다. 이 등식의 양변에 b·b을 곱하면, 결정적인 등식 a·a=2b·b가 나온다.

이제 핵심은 a와 b가 짝수인지 여부에 주의를 집중하는 것이다.

먼저 등식의 우변인 2b·b를 주목하자. 이 수는 짝수다. 왜냐하면 자연수 b·b에 2를 곱한 결과이니까 말이다.

따라서 등식의 좌변인 a·a도 짝수여야 한다. 이로부터 a가 짝수라는 것이 도출된다. (만약에 a가 홀수라면, "홀수 곱하기 홀수는 홀수다"라는 규칙에 따라서, a·a도 홀수일 터이다.) 따라서 a·a는 4로 나누어떨어진다. 왜냐하면 a·a에서 곱셈되는 두 항 각각에 2가 들어 있기 때문이다.

이제 다시 등식의 우변을 보자. 좌변이 4로 나누어떨어지므로, 우변도 마찬가지다. 즉, 2b·b는 4로 나누어떨어진다. 그렇다면 b·b는 2로 나누어떨어진다. 바꿔 말해 b·b는 짝수다. 이로부터 위에서와 마찬가지로 b가 짝수라는 것이 도출된다. 요컨대 b도 짝수다. 이로써 모순을 이루는 둘째 명제가 도출되었다.

이와 매우 유사한 논증으로 $\sqrt{3}$, $\sqrt{5}$, $\sqrt{6}$, $\sqrt{7}$ …이 무리수임을 보여줄 수 있다. 일반적으로 n이 제곱수가 아니라면, $\sqrt{n}$ 은 항상 무리수다. 바꿔 말해 제곱수가 아닌 n의 제곱근은 무리수다.

~~~~~~~~~~~~

1786년 10월 25일 괴팅겐에서 활동한 수학자 겸 철학자 게오르크 크리스토프 리히텐베르크(1742-1799)는 요한 베크만에게 보낸 편지에서 이렇게 말했다. "언젠가 어느 영국인에게 대수학을 가르치면서 이런 문제를 낸 적이 있다. 어떤 종이 전체와 그 종이의 4절지, 8절지, 16절지가 모두 닮은꼴이 되려면, 종이의 규격이 어떠해야 할까? …직사각형의 짧은 변과 긴 변 사이의 비율이 1:$\sqrt{2}$ 여야 한다. 바꿔 말해, 정사각형의 변과 대각선 사이의 비율과 같아야 한다."

이것이 DIN(독일 공업 규격Deutsche Industrie Normen) 규격 용지의 기본 아이디어다. 이 아이디어를 창안한 노벨상 수상자 빌헬름 오스트발트(1853-1932)는 그 규격을 "세계 규격"으로 칭했다. 그의 제자이며 베를린에서 활동한 기술자 겸 수학자 발터 포르스트만 박사는 그 아이디어를 더 발전시켰다. 1922년에 공개된 이후전 세계에서 채택된 그 아이디어의 핵심은 이것이다. DIN 규격 용지를 긴 변들의 중점을 잇는 직선을 따라 접은 결과는 또 다른 DIN

규격 용지다. 즉 원래 용지와 새 용지가 닮은꼴이다.

두 직사각형이 "닮은꼴"이라 함은 긴 변과 짧은 변 사이의 비율이 두 직사각형에서 같다는 뜻이다.

위 그림이 보여주는 정보들을 가지고─일찍이 리히텐베르크가 했듯이─변들의 비율을 알아낼 수 있다. 직사각형의 긴 변이 a,

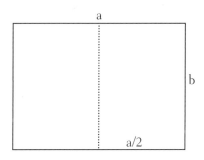

짧은 변이 b라면, 두 변의 비율은 a:b다. 반으로 접은 직사각형에서 그 비율은 b:a/2다. 첫째 비율과 둘째 비율이 같아야 하므로, a:b=b:a/2가 성립한다. 이로부터 $a^2=2 \cdot b^2$이라는 등식이 나온다. 즉, $a=\sqrt{2}\,b$다.

말로 설명하면, 긴 변이 짧은 변의 $\sqrt{2}$ 배다. DIN 규격 용지에서는 종이의 이름을 보면 크기를 알 수 있다. A5 용지는 A4 용지를 반으로 접은 것이다. 추가로 A0 용지는 넓이가 정확히 1제곱미터라는 것을 알면, 모든 DIN 규격 용지의 가로와 세로를 계산할 수 있다.

정육면체 배가하기

기원전 430년경, 아테네의 지배권 전체가 그랬듯이 그리스의 델로스섬에서도 무시무시한 유행병이 창궐하여 인구의 4분의 1을 죽음으로 몰아갔다. 델로스섬의 거주자들은 조언을 얻기 위해 신탁을 구하는 것 외에 달리 방도가 없었다.

신탁은 피티아Pythia라는 여사제를 통해 내려졌다. 그녀는 어느 신성한 샘에서 의례에 맞춰 몸을 씻은 후 아폴론 신전 안의 제단 앞으로 갔다. 거기에서 그녀는 아폴론과 접촉하는 데 성공하고─델로스섬의 거주자들은 그렇게 확신했다─사람들에게 그 신의 생각과 조언을 전달할 수 있었다.

피티아가 전달한 신의 답변은 이러했다. 델로스섬 사람들은 현재의 제단을 배가(倍加)해야 한다.

불명료할뿐더러 척 보기에 유행병과 아무런 상관이 없는 답변이었지만, 델로스섬 사람들은 그 신탁이 요구하는 바를 최대한 잘 실행하려 애썼다. 바꿔 말해 앞다퉈 아폴론에게 복종하려 했다.

제단을 배가하라는 말은 간단히 제단 하나를 추가로 제작하라는 뜻일 리 없다고 그들은 확신했다. 아폴론이 원하는 것은 현재의 제단과 모양은 같으면서 부피는 두 배인 제단인 것이 틀림없었다. 그런데 제단은 정육면체 모양이었으므로, 델로스섬 사람들은 당면 과제를 다음과 같이 기하학적으로 표현할 수 있었다. '주어진 정육면체보다 부피가 두 배 큰 정육면체를 작도하라.'

델로스섬 사람들은 똑같은 문제의 2차원 버전, 곧 정사각형 배가하기 문제를 확실히 알았다. 그 문제의 궁극적인 핵심은 길이가 $\sqrt{2}$ 인 선분을 작도하는 것이다.

변의 길이가 g인 정육면체의 부피는 g·g·g다. 예를 들어 변의 길이가 1인 정육면체의 부피는 1이다. 왜냐하면 1·1·1=1이기 때문이다. 부피가 1의 두 배, 곧 2인 정육면체를 얻으려면, 선분의 길이 g가 g·g·g=2를 만족시키는 그런 선분을 작도해야 한다. 이 길이 조건을 수학의 거듭제곱 기호를 사용하여 $g^3=2$로 요약할 수 있다. 요컨대 g는 그 세제곱이 2와 같다는 속성을 가진 수다. 이 수를 $\sqrt[3]{2}$ 으로 표기하고 "2의 세제곱근"이라고 읽는다.

$\sqrt[3]{2}$ 이 1.25보다 크고 1.26보다 작다는 점은 쉽게 알아낼 수 있다. 왜냐하면 $(1.25)^3 \approx 1.95$이고 $(1.26)^3 \approx 2.0004$니까 말이다. 그러나 아폴론은 눈곱만큼의 에누리도 없이 정확한 해답을 원한다

고, 길이가 $\sqrt[3]{2}$ 인 선분을 컴퍼스와 직선 자로 작도할 것을 요구한다고 델로스섬 사람들은 확신했다.

그리하여 곤경에 처한 그들은 철학자 플라톤(기원전 428/27 - 348/47)의 아카데미아에 도움을 청했다. 당시에 그 기관은 수학 분야에서 (또한 다른 여러 분야에서도) 최고의 권위를 누렸다.

아카데미아의 수학자들은 $\sqrt[3]{2}$ 이 무리수임을, 바꿔 말해 어떤 분수도 아님을 신속하게 알아낸 것으로 보인다. 그러나 이 지식은 문제의 해결에 도움이 되지 않았다. 왜냐하면 많은 무리수는 컴퍼스와 직선 자로 작도할 수 있기 때문이다. 예컨대 $\sqrt{2}$ 가 그러하다. 그러나 플라톤의 아카데미아에 소속된 학자들은 길이가 $\sqrt[3]{2}$ 인 선분을 작도하는 방법을 발견하지 못했다. 오늘날 우리는 그럴 수밖에 없었음을 안다.

고대 수학자들은 정육면체 배가하기 문제를 풀기 위해 아주 많은 공을 들였다. 그러나 그들이 발견한 모든 해법은 컴퍼스와 직선 자 외에 또 다른 보조 수단들을 요구했다. 결국 이런 질문이 제기되었다. '길이가 $\sqrt[3]{2}$ 인 선분을 컴퍼스와 직선 자만 가지고 작도하는 것이 과연 가능할까?'

그런데 어떤 문제를 푸는 것이 불가능함을 증명하기는 원리적으로 어렵다. 해당 문제가 이제껏 풀리지 않았음을 보여주는 것으로는 부족하다. 새로운 시도와 실패를 계속 반복하는 것으로도 부족하다. 문제에 접근하는 방법은 원리적으로 무한히 많은데, 그 모든 방법을 유한한 인생에 다 시도하는 것은 불가능하다. 따라서 생각해볼 수 있는 무한히 많은 접근법을 단번에 처리해야 한다.

그런 단판 승부는 기하학적 과제를 수에 관한 과제로 표현할 수 있게 되면서 비로소 가능해졌다. 간단히 말해서, 기하학적 문제를 대수학으로 번역할 수 있게 된 것이 결정적이었다.

그 번역의 기반은 위대한 프랑스 철학자 겸 수학자 르네 데카르트(1596-1650)에 의해 마련되었는데, 그때는 델로스섬 사람들이 정육면체 배가하기 문제에 열중하던 시절로부터 대략 2000년 뒤였다. 1637년에 저서 『방법서설Discours de la Méthode』의 부록으로 출판된 논문 「기하학La Géométrie」에서 데카르트는 "해석기하학"의 기반을 닦았다.

해석기하학은 기하학을 대수학과 연결한다. 모든 점은 수로 표현된다. 구체적으로, 평면상의 점은 좌표 2개로, 공간 안의 점은 좌표 3개로 표현된다. 그리고 모든 기하학적 대상은 방정식으로(또는 다수의 방정식들로) 기술된다. 우리 모두는 이 표현 방식을 익히 안다. 원은 $x^2+y^2=r^2$ 형태의 방정식으로 표현된다. 무슨 말이냐면, 점은 그 좌표(x, y)가 방정식 $x^2+{}^2y=r^2$을 만족시킬 때 그리고 오직 그럴 때만 원에 속한다.

이 접근법은 전혀 새로운 가능성들을 열어준다. 왜냐하면 기하학적 문제를 계산으로 풀 수 있게 해주기 때문이다. 실제로 우리는 모든 기하학적 문제를 대수학적 문제로 번역할 수 있다. 예컨대 정육면체 배가하기 문제는 대수학의 언어로 이렇게 표현된다. '$\sqrt[3]{2}$은 작도 가능한 수일까?' 이때 한 수가 작도 가능하다 함은, 그 수와 같은 길이의 선분을 컴퍼스와 직선 자만 가지고 작도할 수 있다는 뜻이다.

이 질문의 답은 데카르트의 시대보다 200년이 지난 뒤에 "작도 가능한 수" 전체를 대수학적 관점에서 고찰하는 방법을 통해 비로소 제시되었다.

한번 생각해보자. 길이가 1인 선분이 주어져 있다. 이제 이 선분을 가지고―오로지 컴퍼스와 직선 자만 도구로 사용하여―어떤 길이의 선분들을 작도할 수 있을까?

- 길이가 2, 3, 4,⋯인 선분을 작도할 수 있다는 것은 자명하다. 길이가 1/2, 2/3 등인 선분의 작도도 어렵지 않다. 요컨대 모든 자연수와 모든 양의 분수를 작도할 수 있다.

- 컴퍼스로 원을 그리면, 제곱근도 작도할 수 있다. 예컨대 중심이 원점이고 반지름이 2인 원은 x축과 y축 사이의 직각을 이등분하는 직선과 두 점에서 만나는데, 그 점들의 좌표는 ($\sqrt{2}$, $\sqrt{2}$)와 ($-\sqrt{2}$, $-\sqrt{2}$)다. 이런 식으로 모든 자연수 및 양의 분수의 제곱근을 작도할 수 있다.

- 제곱근의 제곱근, 곧 네제곱근도 작도할 수 있다. 또한 네제곱근의 제곱근, 곧 8제곱근의 작도도 가능하다. 더 나아가 제곱근과 네제곱근의 합의 8제곱근 등도 작도할 수 있다. 그러나

이런 식으로 세제곱근, 다섯제곱근, 6제곱근 등을 얻을 수는 없다. 이 사실들을 정말 제대로 기술할 수 있게 된 것은 18세기와 19세기에 발달한 대수학 덕분이었다.

마침표를 찍은 인물은 프랑스 수학자 피에르 반첼(1814-1848)이었다. 그는 수 $\sqrt[3]{2}$ 이 작도 가능한 수가 아님을 1837년에 증명했다. 더 나아가 그는—비록 매우 복잡하게 꼬인 논증을 통해서였지만—무릇 세제곱근은 작도가 불가능함을 보여주었다.

~~~~~~~~~~

"델로스의 문제"로도 불리는 정육면체 배가하기 문제는 유명한 "고대 수학의 미해결 문제" 세 개 가운데 하나다. 나머지 두 개는 악명 높은 "원과 면적이 같은 정사각형 작도하기"와 "각을 삼등분하기"다.

이 문제들은 근사적인 해결이 아니라 정확한 작도를 요구하며 보조 수단을 오로지 컴퍼스와 직선 자로 엄격히 제한한다. 즉, 이미 찍은 점들을 직선 자를 써서 직선으로 연결하는 것이 허용되며, 이미 찍은 점을 중심으로 이미 작도한 반지름의 원을 그리는 것이 허용된다. 이 두 작업을 거치면 직선과 원이 만나는 점들이 작도된다. 그 새로운 점들은 다음 작업의 기초로 사용된다.

언급한 두 문제를 정확히 표현하면 다음과 같다.

원과 면적이 같은 정사각형 작도하기: 한 원이 주어졌다고 하자.

이제 컴퍼스와 직선 자만 써서 면적이 그 원과 똑같은 정사각형을 작도하라. 만일 원의 반지름이 1이라면, 관건은 길이가 $\sqrt{\pi}$인 선분을 작도하는 것이다.

각을 삼등분하기: 임의의 각이 주어졌다고 하자. 오직 컴퍼스와 직선 자만 써서 크기가 그 주어진 각의 3분의 1인 각을 작도하라.

이 문제들은 해결되지 않았을 뿐 아니라, 정육면체 배가하기 문제와 마찬가지로 해결이 불가능하다! 원과 면적이 같은 정사각형 작도하기는 원주율 π가 초월수이기 때문에 해결이 불가능하다. 이 사실은 독일 수학자 페르디난트 린데만에 의해 1882년에 증명되었다(⟨π: 비밀 많은 초월수⟩ 참조). 임의의 각을 삼등분하는 것은 불가능하다. 왜냐하면 반례들이 있기 때문이다. 역시 반첼이 1837년에 증명한 바인데, 크기가 20도인 각을 작도하는 것은 불가능하다. 따라서 크기가 60도인 각을 삼등분할 수는 없다.

황금분할

황금분할은 수학계 안에서 오랫동안 진지하고 고귀한 역할을 했던 수다. 그랬던 황금분할은 전혀 뜻밖에도 대중적인 스타가 되어 높은 인기를 누렸다.

본래 "황금분할"은 선분을 특정한 비율로 나누도록 선분상에 찍은 한 점을 가리키는 말이다. 그 점을 찍으면, 전체 선분과 큰 부분과 작은 부분이 특정한 관계를 이루게 된다. 정확히 말하면, 두 비율, 곧 전체 선분과 큰 부분이 이룬 "바깥" 비율과 큰 부분과 작은 부분이 이룬 "중간" 비율이 서로 같으면, 황금분할이 이루어진 것이다. 간단히 수식과 그림으로 표현하면 아래와 같다.

$$\frac{\text{전체 선분}}{\text{큰 부분}} = \frac{\text{큰 부분}}{\text{작은 부분}}$$

M("큰 부분")　　　　　　　　　　m("작은 부분")

S

전통적으로 큰 부분은 M(라틴어 "major")으로, 작은 부분은 m(라틴어 "minor")으로 표기된다. 그러면 선분 전체는 M+m과 같고, 방금 언급한 두 비율은 (M+m)/M과 M/m으로 표기된다. 따라서 아래 등식이 성립한다면, 선분이 황금분할된 것이다.

$$\frac{M+m}{M} = \frac{M}{m}$$

이것이 황금분할의 정의다. 하지만 이 정의만 가지고는, 과연 이런 분할이 존재하는지, 존재한다면 분할점의 위치는 정확히 어디인지 명확히 알 수 없다. 하지만 다행히 위 등식을 분석하면 이 질문들에 답할 수 있다.

구체적인 과정은 이러하다. 위 등식의 좌변을 두 분수의 합으로 나타낸 다음에 등식의 양변에 M/m을 곱한다. 즉, 원래 등식을

$$\frac{M}{m} = \frac{M+m}{M} = \frac{M}{M} + \frac{m}{M} = 1 + \frac{m}{M}$$

로 고쳐 쓰고 양변에 M/m을 곱하면 아래 등식이 나온다.

$$(\frac{M}{m})^2 = \frac{M}{m} + 1$$

우리가 알고 싶은 비율 M/m을 간단히 x로 나타내면, 위 등식은

$x^2=x+1$, 바꿔 말해 $x^2-x-1=0$으로 된다. 이 이차방정식의 양의 해는 $(\sqrt{5}+1)/2$다.

이 수도 황금분할로 불리며 φ(피)로 표기된다. 계산해보면, $\varphi \approx 1.618$이다.

그렇다면 큰 부분 M이 전체 선분에서 얼마나 큰 비율을 차지하는지도 계산할 수 있다. 그 비율은 $M/(M+m)=\varphi^{-1}$이다. 그런데 φ는 $\varphi^{-1}=\varphi-1$을 만족시키는 멋진 속성을 지녔다. 그러므로 $M/(M+m)=\varphi-1 \approx 0.618$이다. 이는 황금분할 점이 선분의 한쪽 끝에서 전체 선분의 약 61.8퍼센트에 해당하는 거리만큼 이동한 지점에 위치함을 의미한다.

황금분할을 계산할 수만 있는 것이 아니라 작도할 수도 있다. 수많은 작도법이 존재하며, 그중 일부는 고대까지 거슬러 올라간다. 가장 놀라운 작도법 중 하나는 미국 미술가 조지 오덤(1941-2010)이 발견했다. 때는 1982년이었는데, 당시에 그는 허드슨강 정신의학 센터에 입원해 있던 환자였다.

정삼각형의 두 변의 중점을 잇는 선분 AS를 긋고, 그 선분을 연장하여 정삼각형의 외접원과 점 B에서 만나게 하라. 그러면 점 S는 선분 AB를 황금분할한다.

하지만 황금분할이 가장 멋지고도 중요하게 등장하는 무대는 정오각형이다(〈5: 자연을 대표하는 수〉 참조). 황금분할은 정오각형에서 두 가지 방식으로 출현한다.

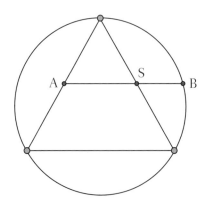

- 정오각형의 대각선 두 개가 정오각형 내부의 한 점에서 만나면, 그 점은 두 대각선 각각을 황금분할한다.
- 대각선의 길이 d와 변의 길이 a의 비율은 황금분할 φ와 같다. 수식으로 적으면, $d = \varphi a$다.

거꾸로 황금분할을 알면, 정오각형을 작도할 수 있다.

황금분할의 특징 하나는 수 $\varphi = (\sqrt{5} + 1)/2$이 무리수라는 점, 바꿔 말해 분수가 아니라는 점이다. 오늘날 우리는 이 사실을 제곱근 기호를 보고 단박에 알 수 있는데, 실제로 오랜 옛날에 피타고라스의 제자였던 메타폰티온의 히파소스는 정오각형에 순수한 기하학적 논증을 적용하여 황금분할이 분수일 수 없음을 증명했다. 그리하여 황금분할은 인류가 최초로 알아챈 무리수가 되었다.

황금분할은 수학에서 늘 존중받았고, 일부 수학자는 황금분할을 찬양하기까지 했다. 황금분할을 이용하면 정오각형을 작도할 수 있고 더 나아가 정12면체와 정20면체도 작도할 수 있다는 것이 찬양의 이유였다.

유클리드는 황금분할을 "바깥 비율 및 중간 비율로 분할하기"라는 대수롭지 않은 명칭으로 불렀다. 그로부터 약 1800년 후, 루카 파치올리(1445 - 1514/17)는 "신성한 비율divina proportio"을 들먹인다. 요하네스 케플러는 황금분할을 수학의 하늘 꼭대기에 올려놓는다. 저서 『우주의 신비Mysterium Cosmographicum』에서 그는 이렇게 쓴다. "기하학은 큰 보물 두 개를 보유했다. 한 보물은 직각삼각형의 빗변과 나머지 두 변의 관계에 관한 것[피타고라스정리]이며, 다른 보물은 선분을 바깥 비율 및 중간 비율에 따라 분할하는 법[황금분할]이다." 더 나중의 한 대목에서 그는 피타고라스정리를 금덩이에, 황금분할을 보석에 빗댈 수 있다고 말한다.

"황금분할"이라는 용어는 1835년에 독일 수학자 마르틴 옴(1792 - 1872)이 쓴 교과서의 각주에서 처음 등장한다. 그 후 이 명칭은 아주 빠르게 인기를 얻어 이미 1860년경에 보편적으로 사용되었다.

하지만 이 모든 것은 수학계 내부에서 일어난 일이었다.

상황을 바꿔놓은 인물은 독일 정치인 겸 작가 아돌프 차이징(1810-1876)이었다. 그는 1854년에 출판한 저서 『인체의 비율들에 관한 새로운 이론Neue Lehre von den Proportionen des menschlichen Körpers』과 이후의 방대한 저술을 통해 전혀 새로운 적용 분야들을 개척함으로써 그야말로 황금분할에 대한 열광을 일으켰고, 그 열광은 여태 가라앉지 않았다.

차이징은 세부 사항에 연연하지 않고 과감하게 황금분할은 "자연과 예술을 막론하고 아름다움과 완전함을 추구하는 모든 모양 형성의 근본원리"라는 확신을 밝힌다.

차이징과 그의 추종자들은 온갖 곳에서 황금분할을 발견했다. 우선 방금 언급한 저서의 제목이 약속한 대로, 인체에서 발견했다. 차이징은 몸을 거론할 때마다 반드시 황금원(圓)을 들이댄다. 그리고 인간의 몸이 전체로서뿐 아니라 각각의 세부(얼굴, 팔, 손가락, 다리…)에서도 황금분할에 맞게 형성되었음을 "본다." 특히 인상적인 주장은 배꼽이 몸의 길이를 황금분할한다는 것이다.

여기에서 미술로 도약하는 것은 차이징에게 작은 한 걸음에 불과하다. 그의 확신에 따르면, 미술에서 인간은 이상적인 비율로 표현되니까 말이다. 그리고 인간이 황금분할에 따라 형성되어 있으므로, 인간이 아름답다고 느끼는 모든 것도 황금분할에 따라야 한다.

차이징은 처음에 무엇보다도 고대 미술과 건축에 관심을 집중했다. 그리하여 그는 예컨대 밀로의 비너스(기원전 약 100년)와 기타 고대 조각들과 아테네 아크로폴리스 언덕 위의 파르테논 신전을 눈여겨보았다. 그리고 그 신전의 가로와 세로뿐 아니라 다른 수많은 비율도 황금분할이라고 주장했다.

차이징의 제자들과 추종자들은 유럽 미술의 걸작들로 시야를

넓힌다. 그들은 숱한 작품에서 황금분할을 발견한다. 히에로니무스 보스의 「건초 수레」(1490), 라파엘로의 「갈라테아의 승리」(1512)와 「시스티나 성모」(1512/13), 알브레히트 뒤러의 「모피 코트를 입은 자화상」(1500년경), 그리고 당연히 레오나르도 다빈치의 「모나리자」에서 황금분할이 발견된다.

거듭 거론되는 또 하나의 예는 라이프치히의 옛 시청(1556/57)이다. 그 건물의 탑이 건물의 장축(長軸)을 황금분할한다고 한다.

많은 학자들은 차이징의 주장들을 비판한다. 실제로 황금분할이 과연 보편적 원리인지에 의문을 품게 만드는 다양한 근거들이 있다.

- 인체에서 "황금비율들"의 등장이 개연적이거나 심지어 필연적임을 뒷받침할 만한 생리학적 근거나 해부학적 발견은 전혀 알려진 바 없다. 배꼽의 위치를 10센티미터 더 위로 옮기더라도, 인체는 아무 지장 없이 잘 작동할 것이다.

- 경험적인 방법으로, 이를테면 길이를 측정하여 황금분할을 발견한다면, 불가피하게 오차가 발생한다. 황금분할과 피보나치 수열을 염두에 둔 사람은 "대략" 3:2 또는 5:3인 비율을 "정확히" 3:2나 5:3으로 판정하고 오차는 "측정 오류"로 보고 무시하기 십상이다. 예컨대 집게손가락의 끝마디와 나머지 부분 사이의 비율이 황금분할이라는 주장이 있다. 당신이 직접 당신의 집게손가락을 측정해보라. (이를테면) 3:5의 비율이 쉽게

발견될 것이다.

- 미술 작품들에서 황금분할이 발견된다는 주장의 가장 큰 문제는, 옛날의 미술가들이 황금분할을 적용했거나 최소한 알았을 가능성을 시사하는 증언은 거의 없고 증거는 사실상 없다는 점이다.

- 황금분할은 개별 작품들에서만 (또한 당연히 가장 유명한 작품들에서만) 탐색된다. 그러나 개별 작품에서 황금분할이 발견된 미술가들 가운데 황금분할의 사용이 뚜렷이 나타나는 이른바 "황금기"가 확인된 미술가는 단 한 명도 없다. 또한 미술사 연구에서 특정 미술가의 황금분할 사용이 발전한 과정이 밝혀진 적도 없다.

- 비교적 최근의 일부 미술가들, 예컨대 르 코르뷔지에(1887-1965), 조르주 쇠라(1859-1891), 요 니마이어(1946-)의 작품에서 황금분할이 발견되는 것은 전혀 별개의 사안이다. 그들의 작품에서는 의도적으로 집어넣은 황금분할이 흔히, 심지어 작품의 중심으로서 등장한다.

아무튼 차이징의 이론이 예나 지금이나 엄청난 영향력을 발휘한다는 점은 대단히 주목할 만하다. 그 이론은 기본적으로 사변적 주장만으로 이루어졌으며 기껏해야 아마추어 수준인데도 강한 확신으로 제시되곤 한다.

분수들을 통로로 삼아서 아주 멋지게 황금분할에 접근할 수 있다. 정확히 말하면, 분자와 분모가 피보나치수인 분수들을 통해 황금분할에 접근할 수 있다.

피보나치수열은 1, 1, 2, 3, 5, 8, 13, 21,…이다. 이 수열에서 각각의 수는 앞선 두 수의 합이다. 따라서 21 다음의 피보나치수는 13+21＝34다(〈21: 토끼와 해바라기〉 참조).

그런데 잇따른 두 피보나치수에서 큰 수를 작은 수로 나누면, 몫이 아주 빠르게 황금분할 1.618…에 접근한다. 더 정확히 말하면, '피보나치 몫들Fibonacci quotients'의 수열은 황금분할로 수렴한다.

n	1	2	3	4	5	6	7	8
f_n	1	2	3	5	8	13	21	34
f_{n-1}	1	1	2	3	5	8	13	21
f_n/f_{n-1}	1	2	1.5	1.67	1.6	1.625	1.615	1.618

보다시피, 황금분할과 8/5 사이의 오차는 약 1퍼센트, 13/8 사이의 오차는 0.5퍼센트 미만에 불과하다.

비밀 많은 초월수

약 6,000년 전에 이루어진 바퀴의 발명은 혁명이었다. 그때까지는 엄청난 노력으로 조금씩 끌어서만 움직일 수 있었던 짐을 이제 수레에 실어 편하게 옮길 수 있게 된 것이다. 최초의 바퀴들은 새로운 변형들로 계속 발전했다.

바퀴가 그토록 늦게 발명되었다는 것은 놀라운 일이다. 원과 구(球)는 자연의 기본적인 형태들이다. 이 형태들은 풍부하게 눈에 띈다. 해와 달, 꽃과 열매, 물방울, 물에 돌을 던지면 일어나는 물결.

바퀴를 제작할 때 바퀴의 지름을 결정하기는 쉽다. 마찬가지로 완성된 바퀴의 지름을 측정하는 것도 쉬운 일이다. 하지만 사람들은 바퀴의 둘레와 면적에도 관심을 기울인다. 왜냐하면 둘레와 면적을 알아야 바퀴 제작에 필요한 재료의 양을 알 수 있기 때문이다. 원의 둘레와 면적이 어느 정도인지는 다들 안다고 믿지만, 문제는 그것들을 정확히 계산하고자 할 때 발생한다. 그리고 그 문제는 영영 해결되지 않는다.

하지만 첫걸음은 간단하고 아주 자명하기 때문에, 지금도 많은 사람들은 다음과 같은 옳은 생각을 암묵적으로 품는다. '지름에 어떤 수를 곱해야 둘레를 얻을 수 있는데, 그 수는 어느 원에서나 같다.' 반지만 한 원이건, 훌라후프만 한 원이건, 지구만 한 원이건 상관없다. 언제나 지름에 어떤 특정한 수를 곱해야 한다. 그 수는 17세기 이래로 그리스어 철자 π("둘레"를 뜻하는 그리스어 "페리메터"의 첫 철자)로 표기된다. 원의 지름 d와 둘레 U 사이의 관계를 수학적으로 이렇게 적을 수 있다. U=$\pi \cdot$d

이로써 둘레를 알아내는 문제는 수 π를 알아내는 문제로 환원된다. 이 문제를 풀기 위한 최초의 시도들은 4,000년 전에 이루어졌다. 사람들을 고무한 기본 발상은 이렇다. '기하학적 의미가 이토록 명확하고 실용적으로 이토록 중요한 수는 아무렇게나 생겨 먹은 수일 리 없다. 그 수는 "단순하게 표현되는 수"여야 한다.'

그리하여 세계 여러 곳에서 채택된 최초의 근삿값은 π=3이었다. 이 근삿값은 예컨대 성경에도(열왕기상 7장 23절) 등장한다. 기원전 1900년경에 바빌로니아인은 π=25/8=3.125를 채택했다. 이집트의 린드 파피루스(기원전 1650)에는 π=$(16/9)^2 \approx$3.1605가 등장한다. 기원전 4세기에 인도 수학자들은 π=339/108$\approx$3.139를 채택했다. 다른 인도 수학자들은 π를 10과 관련지으면서 π=$\sqrt{10} \approx$

3.1622라고 믿었다. 이 밖에도 다양한 근삿값들이 있었다. 제시된 답이 이렇게 많다는 것에서 이미 짐작할 수 있듯이, 어떤 답도 정답이 아니었다.

아르키메데스(기원전 288-212)의 연구는 수 π를 간단히 표현할 수 있다는 생각을 완전히 추방했다. 그는 이렇게 생각했다. '원의 둘레를 알아내기가 어렵다면, 원과 비슷한 다른 도형의 둘레를 알아내는 것을 첫걸음으로 삼자.' 구체적으로 그는 원 안에 정육각형을 그려 넣었다.

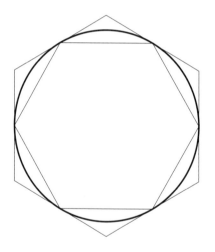

정육각형의 둘레는 그것을 둘러싼 원의 둘레보다 작지만 쉽게 계산할 수 있다. 정육각형의 둘레는 원의 반지름의 6배, 바꿔 말해 지름의 3배다. 이로부터 $\pi>3$이라는 결론을 얻을 수 있다.

마찬가지로 아르키메데스는 원을 둘러싼 정육각형을 그렸다. 그는 그 정육각형의 둘레도 계산해냈는데, 그 둘레는 원의 지름보다 정확히 $2 \cdot \sqrt{3} \approx 3.46$배 크다. 따라서 π는 부등식 $3 < \pi < 3.46$을 만족시킨다.

아르키메데스는 정육각형에서 멈추지 않고 각의 개수를 계속 두 배로 늘려 정96각형까지 그렸다. 원의 안팎에 정96각형을 그림으로써 그는 π의 값을 매우 훌륭하게 추정하는 부등식 $3 + 10/71 < \pi < 3 + 10/70 (=22/7)$에 도달했다. 소수 표현으로 바꾸면, $3.1408 < \pi < 3.14286$이다. 이로써 π의 근삿값을 더 정확하게 제시하는 것을 목표로 하는 경쟁이 시작되었다. 그 경쟁은 다음과 같이 세 단계로 구분할 수 있다.

(a) 기하학 시대

아르키메데스의 접근법은 거의 2,000년 동안 계승되며 발전했다. 사람들은 각의 개수가 점점 더 많은 정다각형들의 둘레를 계산했다. 중국 수학자 조충지(祖沖之)는 480년경에 12,288개의 각을 가진 다각형의 둘레를 계산하여 $\pi = 355/113 \approx 3.141592920 \cdots$이라는 근삿값을 얻었다. 이 근삿값은 일곱 자리까지 정확하며 700년 넘게 세계 최고의 근삿값이었다.

기하학적 방법으로 얻은 근삿값의 최고기록 보유자들은 루돌프 판 쾰런(1540-1610)과 오스트리아 예수회 성직자 겸 천문학자 크리스토프 그리엔베르거(1561-1636)이다. 판 쾰런은 정262각형을 기초로 여러 해에 걸쳐 연구한 끝에 π의 값을 35자리까지 계산해 냈고, 그리엔베르거는 1630년에 39자리까지 계산해냈다.

(b) 무한수열 시대

17세기에 위대한 "무한수열infinite sequence" 혹은 "무한급수 infinite series"의 시대가 시작되었다. 예컨대 음수들과 양수들로 이루어진 다음과 같은 수열이 있다고 해보자.

$$1, -\frac{1}{3}, \frac{1}{5}, -\frac{1}{7}, \frac{1}{9}, \cdots$$

이런 수들이 끝없이 이어진다면, 이 수열은 무한수열이다. 무한급수란 이런 무한수열의 수들을 차례로 덧셈하여 연결한 식이다. 우리의 예에서 무한급수는 다음과 같은 식이다.

$$1 - \frac{1}{3} + \frac{1}{5} - \frac{1}{7} + \frac{1}{9} - \cdots$$

무한급수의 처음 일부만 계산해서 얻은 결과를 부분합이라고 한다. 그런데 처음에는 한 항만 계산해서 부분합을 얻고, 그다음에는 두 항을 계산해서 부분합을 얻고, 그다음에는 세 항을 계산해서 부분합을 얻는 식으로, 항들의 개수를 계속 늘리면서 부분합들을 얻으면, 부분합들의 수열이 만들어진다. 우리의 예에서 첫째 부분합은 1, 둘째는 1-1/3=2/3=0.67, 셋째는 1-1/3+1/5=13/15=0.867 등등이다. 이 부분합들의 수열은 "아름답다." 왜냐하면 앞으로 어떻게 진행할지 정확히 알 수 있기 때문이다. 바꿔 말해 이 수열은 쉽게 알아챌 수 있는 형성 규칙을 따른다.

또한 이 수열은 수렴한다. 바꿔 말해 저 위의 무한급수는 잘 정의된 실수 하나를 표현하며, 그 실수는 놀랍게도 $\pi/4$다. 요컨대 그 무한급수의 부분합들 각각에 4를 곱하면 π의 근삿값들을 점점 더 정확하게 얻을 수 있다. 방금 언급한 부분합들에서 나오는 근삿값들은 4, 2.67, 3.467 등이다. 위대한 수학자 겸 철학자 고트프리트 빌헬름 라이프니츠(1646-1716)는 이 수열을 연구했다. 그러나 이 수열은 이미 14세기에 인도 수학자들에게도 알려져 있었다.

그런데 이 "라이프니츠 급수"는 아름답기는 하지만 계산에는 영 부적합하다. π를 소수점 아래 두 자리까지 정확히 계산하기 위해서만도 분수들의 덧셈과 뺄셈을 1/99까지 해야 하니, 일이 무척 고되다.

그리하여 수학자들은 덜 아름답더라도 계산의 효율성이 높은 다른 급수들을 이용하여 π의 값을 알아냈다. 이 방법은 기하학적 방법보다 훨씬 더 성공적이었다. 이미 18세기에 100자리의 장벽이 무너졌고, 19세기 사람들은 몇백 자리까지 계산해냈다.

이 시대의 최고기록 보유자인 동시에 불운한 영웅은 영국의 교장이자 아마추어 수학자였던 윌리엄 섕크스(1812 - 1882)이다. 그는 1853년에 π의 값을 530자리까지 발표했는데, 마지막 두 자리만 부정확했다. 1873년에 섕크스는 기록 경신을 시도하면서 707자리를 발표했다. 그러나 안타깝게도 그는 계산에서 실수를 범했고, 그의 결과는 527자리까지만 옳았다. 다행히 이 사실은 섕크스가 죽고 몇십 년 뒤인 1944년에야 드러났다. 그럼에도 그의 성취는 주목할 만하다. 손으로 계산해서 얻은 π 값의 정확도에서 최고 기록 보유자는 여전히 윌리엄 섕크스다.

(c) 컴퓨터 시대

컴퓨터는 인간보다 훨씬 더 빠르고 정확하게 계산할 수 있는 계산 기계다. 따라서 컴퓨터는 무한급수의 계산에 더할 나위 없이 적합하다.

영국의 D. F. 퍼거슨은 이미 1947년에 기계식 탁상용 계산기로 π의 값을 710자리까지 계산했고, 1949년에는 존 윌리엄 렌치 주니어(1911-2009)와 함께 무려 1,120자리를 발표했다. 이 기록은 전자 컴퓨터가 등장하면서 비로소 깨졌다. 그러나 그때부터 급격한 기록 향상이 이어졌다. 1957년에 1만 자리가 계산되었고, 1961년에는 10만 자리, 1974년에는 100만 자리, 1989년에는 10억 자리, 2002년에는 1조 자리가 계산되었다. 오늘날 사람들은 몇 조 자리까지 안다. 이 모든 기록 향상은 실용적 효용이 없다. 예컨대 나사NASA가 우주선의 궤도를 계산할 때 사용하는 π의 값은 겨우 15자리까지다!

그러나 수학자들은 이 까마득한 숫자들의 계열 앞에서 산소통 없이 8,000미터급 고산에 오르는 산악인과 유사한 감정을 느낀다. 그 숫자들은 단 하나의 문제도 해결해주지 못한다. 그러나 그 숫자들 앞에서 수학자들이 느끼는 감정은 말로 표현할 수 없다!

π는 왜 그토록 매력적일까? 그 수의 외견상 간단한 정의와 실제로 그 수의 값을 알아내는 데 필요한 무한한 노력 사이의 간극 때문이라고 나는 믿는다.

π의 값을 알아내기가 어렵다는 점을 수학의 언어로 정확하게 표현할 수 있다. 1761년에 독일 수학자 하인리히 람베르트는 π가 무리수임을, 즉 분수가 아님을 증명했다.

해설하자면 이러하다. π를 소수로 표현하면 $\pi = 3.141659\cdots$인데, 이 소수 표현은 영영 종결되지 않을뿐더러 순환하지도 않는다(순환한다는 것은 특정 구간이 계속 반복해서 등장한다는 것이다). 간단히 말해서, 주어진 π 값의 다음 자리에서 어떤 숫자가 나올지는 실제로 계산해보지 않으면 아무도 모른다. 이 사실은 아르키메데스의 접근법이 옳았음을 보여준다. 아르키메데스는 π를 간단히 표현하겠다는 생각을 버리고 π의 근삿값을 구하는 것으로 만족했다.

"원과 면적이 같은 정사각형 작도하기"(⟨$\sqrt{2}$: 탁월한 무리수⟩ 참조)는 일반인에게도 널리 알려진 악명 높은 수학 문제다. 이 문제에 등장하는 두 도형은 고전적인 기하학 도구인 컴퍼스와 직선 자만으로 작도할 수 있는 가장 단순한 도형들이다. 컴퍼스는 원을 그리기 위한 도구이고, 정사각형은 컴퍼스와 직선 자를 써서 아주 쉽게 작도할 수 있다.

문제의 핵심은 면적이다. 정사각형의 면적은 정말 간단하게 계산할 수 있다. 변의 길이 곱하기 변의 길이. 반면에 원의 면적은 계산하기 어렵고 근사적으로만 알아낼 수 있다.

이제 문제는 이것이다. '주어진 원과 면적이 같은 정사각형을 작도할 수 있을까?' 만약에 작도할 수 있다면, 어려운 문제(원의 면적 구하기)를 간단한 문제(정사각형의 면적 구하기)로 환원할 수 있을 것이다. 문제에 붙어 있는 추가조건 두 개를 눈여겨보아야 한다.

1. 면적이 정확히 같은 정사각형을 작도해야 한다. 바꿔 말해, 근사적인 해결책은 통하지 않는다.

2. 오직 컴퍼스와 직선 자만 도구로 허용된다.

이 문제는 고대에 제기되었지만 당시에는 해결될 수 없었다. 유럽의 중세에도 해결되지 않았다. 이슬람 수학에서도 마찬가지였다. 뉴턴과 라이프니츠 같은 천재들도 예외가 아니었다. 이 문제는 1882년에야 해결되었다.

더 정확히 말하면 '원과 면적이 같은 정사각형을 과연 작도할 수 있을까?'라는 질문의 답이 1882년에 나왔다. '작도할 수 없다'가 정답이다. 이 문제 앞에서 컴퍼스와 직선 자는 한계에 봉착한다. 컴퍼스와 직선 자만으로는 원과 면적이 같은 정사각형을 작도할 수 없다. 물론 정치와 경제에서 사람들은 종종 이런 불가능한 일이 가능하다고 주장하지만 말이다.

조금만 생각해보면 원과 면적이 같은 정사각형을 작도하기가 불가능함을 깨닫게 된다. 우리는 이 작도 문제를 길이가 π인 선분을 작도하는 문제로 변형할 수 있다. 이 사실은 고대의 수학자들도 얼마든지 파악할 수 있었다. 다만, 그들은 이 문제를 수의 세계에 관한 문제로 번역할 수 없었다. 그 번역은 르네 데카르트가 발명한 좌표기하학(해석기하학)에 기초해서만 가능했다. 거기에 기초하여 사람들은 "작도 가능한" 수가 가진 중요한 속성을 발견할 수 있었다. 길이가 어떤 수와 같은 선분을 컴퍼스와 직선 자만 가지고 작도할 수 있다면, 그 수는 작도 가능한 수다. 작도 가능한 수의 중요한 속성이란 이것이다. '모든 작도 가능한 수는 특정한 유형의 방정식의 해여야 한다.'

따라서 'π는 작도 가능한 수일까?'라는 질문은 'π는 그 특정한 유형의 방정식의 해일까?'로 변형될 수 있었다.

그런데 1882년에 독일 수학자 페르디난트 린데만은 π가 초월수임을 증명했다. 바꿔 말해, π가 어떤 방정식(정확히 말하면, 대수방정식)의 해도 아님을 증명했다. 임의의 방정식에서 x에 π를 대입하면, 틀린 등식이 나온다. 등식의 좌변과 우변이 정확히 같아지는 경우가 절대로 없다. 때로는 좌변과 우변이 거의 같아진다. 예컨대 방정식 $x=3$, $x=^2 10$, $x^2+x=13$, $x^2+x=100$에서 x에 π를 대입하면, 좌변과 우변이 거의 같아진다. 그러나 좌변과 우변이 정확히 일치하는 일은 절대로 일어나지 않는다. 이것이 린데만이 증명한 바다.

이로써 원과 면적이 같은 정사각형을 작도하는 문제도 최종적으로 처리되었다. 왜냐하면 π가 어떤 방정식의 해도 아니라면, π는 작도 가능한 수를 해로 가지는 특정 유형의 방정식의 해도 아닐 것이 뻔하니까 말이다. π는 작도 가능한 수가 아니다. 따라서 원과 면적이 같은 정사각형을 작도하기는 불가능하다.

성장을 대표하는 수

'리스파르미오Risparmio'◆는 예금자들이 꿈꾸는 나라다. 그 나라에서는 모든 은행의 예금 이자율이 100퍼센트다. 즉, 예금해둔 1,000원이 1년 뒤에는 2,000원으로 되고, 2년 뒤에는 4,000원, 3년 뒤에는 무려 8,000원으로 된다.

그러나 일부 예금자는 이 정도로 만족하지 못한다. 그들은 연간 수익을 극대화하고자 한다. 그리하여 천재적인 묘수를 낸다.

그들은 반년 뒤에 원금 1,000원과 그때까지 붙은 이자 500원을 인출한다. 그런 다음에 그 1,500원을 다른 은행에 예금한다. 나머지 반년 동안 그 1,500원에 이자 750원이 붙어서, 연말에 예금자는 뿌듯하게도 2,250원을 손에 쥐게 된다.

수학적으로 표현하면 이러하다. 처음에 예금한 원금에 반년마다

◆ '절약', '저축' 등을 뜻하는 이탈리아어.

그 원금의 절반이 이자로 붙는다. 원금이 1,000원이라면, 반년 뒤에 원금과 이자의 합은 1,000+500원, 다시 말해 $(1+1/2)\cdot 1,000$원이다. 요컨대 예금은 반년 뒤에 $(1+1/2)$배로 성장한다.

반년 뒤에 은행을 바꿔 $1,000\cdot(1+1/2)=1,500$원을 다시 반년 동안 예금하면, 예금은 또 한 번 $(1+1/2)$배로 성장한다. 따라서 연말에 예금은 $1,000\cdot(1+1/2)\cdot(1+1/2)=1,000\cdot(1+1/2)^2$으로 성장한다.

묘수를 깨달은 예금자는 이제 4개월(곧 1/3년)마다 은행을 바꾼다. 연초에 1,000원을 예금하고 1/3년이 지나면, 예금은 $(1+1/3)$배 성장하여 1,333.33원으로 된다. 다음 1/3년 동안과 그다음 1/3년 동안에도 예금은 똑같은 배율로 성장하므로, 연말에는 통장 잔액란에 $1,000\cdot(1+1/3)^3=2,370$원이 찍힌다.

이쯤 되면 예금자는 숙고하지 않을 수 없다. 예금은 한 달 동안에 고작 $(1+1/12)^{12}$배 성장하지만, 이 배율을 12번 적용한다면… 연말에는 정확히 $1,000\cdot(1+1/12)^{12}=2,613$원을 손에 쥐게 된다!

수학자는 한 달을 한계로 간주하지 않고 이렇게 묻는다. '한 해를 원하는 만큼 잘게 나누면 어떻게 될까?' 한 해를 길이가 같은 기간 n개로 분할하면, 예금은 각각의 기간마다 $(1+1/n)$배 성장할 것이다. 따라서 애초의 예금 1,000원이 1년 뒤에는 $1,000\cdot(1+1/n)^n$으로 성장할 것이다.

이제 질문은 이것이다. n이 점점 더 커지면, $(1+1/n)^n$도 점점 더 커질까? 만일 커진다면, 커지면서도 어떤 특정한 값에 접근하며 안정화될까, 아니면 어떤 한계도 없이 무한정 커질까?

실제로 $(1+1/n)^n$을 n번째 항으로 가진 수열은 특정한 수로 수렴하며, 오일러 이래로 사람들은 그 수를 e로 표기하고 "오일러 수"라고 부른다. e는 2.7182818284…이다. 한 해를 잘게 분할하는 묘수를 쓰더라도 예금 1,000원은 1년 뒤에 2,718.28…원보다 더 높은 금액으로는 절대로 성장하지 못한다.

수 e의 진정한 의미는 이른바 자연지수함수에서 드러난다. 독일에서는 자연지수함수를 "e-함수"라고도 부른다. e의 거듭제곱들을 생각해보자. 참고로 x와 e^x을 짝지어 등재한 아래 표를 보라.

X	0	1	2	3	4	5
e^x	1	2.7	7.4	20	54.6	148.4

보다시피 거듭제곱 값들이 점점 더 커질 뿐 아니라, 그 성장 속도가 엄청나게 빠르다. 예컨대 e^{10}은 22,000보다 더 크고, e^{100}은 0이 43개 붙은 수다.

표에 등재되지 않은 사잇값들도 보완하여 함수 $y=e^x$의 곡선을 그리면, 이 함수의 성장이 더욱 인상적으로 다가온다.

이 성장의 특징은 값들이 점점 더 커진다는 점에 국한되지 않는다. 값들의 성장률도 점점 더 커진다. 수학적으로 말하면, 곡선의

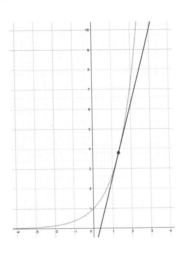

기울기가 점점 더 가팔라진다.

특정한 점에서 곡선의 기울기를 알려면, 직선 자를 그 점에 갖다 대어 곡선과 자가 스치게 하고서 자가 얼마나 가파르게 기울어졌는지 보면 된다. 자가 더 많이 기울어졌을수록, 곡선의 기울기가 더 가파른 것이다. 더 정확히 말하면, 그 점에서 곡선의 접선을 그어야 한다. 그 접선의 기울기가 그 점에서 곡선의 기울기와 같다.

기울기를 수로 표현할 수도 있다. 직선의 기울기를 알려면, 직선 상의 한 점에서 오른쪽으로 한 단위만큼 이동한 다음에 위쪽으로 이동하여 다시 직선에 도달하면 된다. 이때 위쪽으로 이동한 거리가 바로 기울기다. 예컨대 오른쪽으로 1만큼 이동하고 위쪽으로 4만큼 이동하여 다시 직선에 도달했다면, 직선의 기울기는 4다.

자연지수함수의 정말 특별한 속성은, 이 함수의 값과 기울기가 항상 일치한다는 것이다. 자연지수함수 $y=e^x$는 $x=0$에서(곧 y축과 만나는 곳에서) 기울기가 얼마일까? $x=0$에서 자연지수함수의 값만 보면 된다. 그 값은 $e^0=1$이다. 따라서 그곳에서 함수의(정확히 말하면, 함수의 곡선의) 기울기도 1이다. 이는 $x=0$에서 자연지수함수 곡선의 접선이 x축에 대하여 45도 기울어져 있음을 의미한다. $x=1$에서 자연지수함수의 기울기는 얼마일까? 그곳에서 함수의 값은 $e^1=e=2.7\cdots$이다. 따라서 기울기도 e다. 약간 전문적인 수학 용어로 말하면 이러하다. 자연지수함수의 도함수는 자연지수함수 자신과 같다.

자연지수함수는 "지수적 성장exponential growth"을 표현하는 표준적인 함수다. 지수적 성장을 2^x이나 10^x으로 표현할 수도 있다. 지수적 성장의 특징은 값이 정해진 기간마다 특정한 배율로 성장한다는 것이다. 그 결과로 어느 정도 시간이 지나면 상상을 초월할 정도로 엄청난 성장이 이루어진다. 중요한 배율들을 3개만 살펴보자.

배율이 2일 수 있다. 빅토리아호는 아프리카 최대의 호수이며 크기가 바이에른주와 맞먹는다. 그곳에서 1988년에 처음으로 물옥잠이 관찰되었다. 물옥잠은 옅은 파란색 꽃을 피우는 예쁜 수생 식물이지만 한 가지 파괴적인 속성을 지녔다. 조건이 이상적일 경우 이 식물은 2주마다 두 배로 증가한다.

빅토리아호의 조건은 이상적이었다. 그리하여 물옥잠 한 포기가 2주 뒤에 두 포기로, 4주 뒤에 네 포기로, 6주 뒤에 여덟 포기로 늘어났다. 그때는 아직 문제 될 것이 없었다. 그냥 식물 몇 포기를 뜯어내어 없애면 그만이었다. 그러나 사람들은 그 기회를 놓쳤다. 그리하여 물옥잠은 지수적으로 증가했고, 재앙이 시작되었다. 몇 년이 지나자 호숫가가 물옥잠으로 가득 차 선박의 운항이 불가능해졌다. 물옥잠은 물에 산소가 공급되는 것을 방해했고, 그 결과로 물고기들이 죽었다. 물옥잠은 말라리아를 옮기는 파리에게 이상적인 산란 장소를 제공했다. 이 밖에도 많은 문제가 발생했다.

상황이 워낙 절박했기 때문에 사람들은 마치 페스트를 물리치기 위해 콜레라를 들여오는 것과 비슷한 조치를 취했다. 그들은 빅토리아호에 바구미를 정착시켰다. 바구미의 유충이 물옥잠을 먹이로 삼기 때문이다. 그 후 5년도 채 안 되어 물옥잠으로 뒤덮인 수면이 90퍼센트 감소했다.

배율이 1.02일 수 있다. 이 배율은 일반적인 산업국가의 연간 예금 이자율 2퍼센트에 해당한다. 예금한 돈이 두 배로 성장하려면 몇 년이 걸리는지를 대충 계산하는 방법이 있다. 이른바 "72의 규칙"이 그것인데, 간단히 72를 퍼센트 단위의 이자율로 나누면 된다. 예컨대 이자율이 2퍼센트라면, 예금한 돈이 두 배로 성장하는

데 72/2=36년이 걸린다.

이 규칙을 다른 상황에도 적용할 수 있다. 현재 세계 인구는 매년 1.1퍼센트 증가한다. 이 증가율이 유지된다면, 72/1.1=65.5년 후에는 지금보다 두 배 많은 150억 이상의 인구가 지구에서 살게될 것이다.

배율이 1보다 작을 수도 있다. 예컨대 0.999879일 수 있다. 이수는 탄소동위원소 ^{14}C의 감소와 관련이 있다. 이 동위원소는—평범한 탄소 ^{12}C와 달리—방사성 원소다. 즉, 자연적으로 붕괴한다. 부연하자면, ^{14}C 1,000그램에서 1년 뒤에 정확히 999.879그램이 남아 있게 된다. 이 정도면 거의 줄어들지 않는 것처럼 느껴질지도 모르지만, 그것은 섣부른 느낌이다. 5,730년 동안 기다리면, 1,000그램이 $1,000 \cdot (0.999879)^{5,730} \approx 500$그램으로 줄어드니까 말이다. 바꿔 말하면, ^{14}C의 반감기는 5,730년이다. 반감기란방사성 물질이 절반으로 줄어드는 기간을 말한다.

이 같은 감소 현상은 유기물질에 적용하는 탄소동위원소 연대측정법의 기반이다. 살아 있는 유기체(예컨대 나무)에 들어 있는 탄소 중에서 ^{14}C의 비율은 상수다. 그러나 유기체가 죽은 뒤에는 그비율이 방사성 붕괴로 인해 차츰 감소한다. 방금 제시한 수치들을이용하면, 예컨대 목재 속에 아직 들어 있는 ^{14}C의 비율을 측정함으로써 그 목재가 사용된 시대를 알아낼 수 있다.

수 e는 거의 모든 실수가 그렇듯이 무리수요 초월수다. 적어도 e가 무리수라는 사실은 비교적 쉽게 증명할 수 있다.

우선 e를 다르게 표현해야 한다. 무슨 말이냐면, e의 "무한급수" 표현이 필요하다. 이를 위해서는 먼저 팩토리얼을 알아야 한다. 임의의 자연수 n에 대하여 n!("n 팩토리얼")은 $n \cdot (n-1) \cdot (n-2) \cdot \cdots \cdot 2 \cdot 1$로 정의된다.

e를 얻기 위하여 팩토리얼들과 그 역수들을 표로 나열해보자.

n	0	1	2	3	4	5
n!	1	1	2	6	24	120
1/n!	1	1	1/2	1/6	1/24	1/120
소수로 변환 시	1	1	0.5	0.167	0.042	0.008

이제 1/n!들을 모두 더하자.

$$1 + 1 + \frac{1}{2} + \frac{1}{6} + \frac{1}{24} + \frac{1}{120} + \cdots$$

$$= 1 + 1 + 0.5 + 0.167 + 0.042 + 0.008 + \cdots$$

보다시피, 이 급수의 항들은 뒤로 갈수록 아주 작아진다. 따라서 이 무한급수의 부분합들의 수열이 수렴한다는 것, 바꿔 말해 이 무한급수가 잘 정의된 수를 표현한다는 것은 놀라운 일이 아니다. 레온하르트 오일러는 그 수가 e라는 것도 증명했다.

이를 받아들이면, e가 무리수임을 증명할 수 있다. 예컨대 e=11/4라고 가정해보자. 그렇다면 아래 등식이 성립할 것이다.

$$\frac{11}{4} = e = 1+1+\frac{1}{2}+\frac{1}{6}+\frac{1}{24}+\frac{1}{120}+\cdots$$

등식 전체에(우변에서는 덧셈되는 항 각각에) 4!을 곱하면 아래 등식이 나온다.

$$4!\cdot\frac{11}{4} = e = 4!+4!+\frac{4!}{2}+\frac{4!}{6}+\frac{4!}{24}+\frac{4!}{120}+\cdots$$

이를 간단히 정리하면 아래 등식을 얻을 수 있다.

$$3!\cdot 11 = 4!+4!+4\cdot 4+1+\frac{4!}{120}+\frac{4!}{720}+\frac{4!}{5,040}+\cdots$$

이 등식을 보면, 좌변에는 정수가 있고, 우변에서도 $4!+4!+4\cdot 3+4+1$은 정수다. 따라서 등식이 성립하려면, 우변의 나머지 분수들의 합도 정수가 되어야 할 것이다. 그러나 그렇게 되지 않는다. 왜냐하면 그 분수들의 합은 0보다는 크지만 1보다 훨씬 더 작기 때문이다. 결론적으로 위 등식의 우변은 정수가 아니다. 이 모순은

e가 11/4과 다름을 보여준다. 이와 유사한 논증으로 e가 어떤 분수와도 다름을 보여줄 수 있다. 따라서 e는 무리수다.

i

수학에 허구를 도입해도 될까?

지롤라모 카르다노의 파란만장한 삶은 1501년에 그가 사생아로 태어나는 것에서 시작되어 1576년에 그가 스스로 계산하여 미리 알았다는 날짜와 시간에 죽는 것으로 마감되었다. 카르다노는 만능지식인이었다. 당대 최고의 지식인 중 한 명으로 꼽혔으며 명실상부한 국제적 스타 과학자였다. 아이디어가 넘쳐났던 그는 방대한 연구 결과를 후대에 남겼다. 그는 불치병에 걸렸다고 여겨진 많은 사람을 건강하게 만들고 속세의 교회의 수많은 고위인사를 진료한 의학의 대가였다. 또한 당대의 가장 중요한 수학자였다. 더 나아가 점성술사로서 예컨대 프란체스코 페트라르카, 에라스무스 폰 로테르담, 알브레히트 뒤러를 위하여 별점을 쳤다. 생전에 그는 철학 저서들로 유명했다. 1570년에 그는 종교재판소에 의해 체포되었다가 3개월 뒤에야 석방되었다. 물론 조건부 석방이었다. 예컨대 그는 출판 금지령을 받았다. 이런 카르다노가 대수학의 이정표라고 할 만한 방대한 저서 『위대한 기술Ars Magna』(1545)에서 다음과 같은 문제를 냈다. '길이가 10인 구간을 두 부분으로 나누되, 그 두 부분을 변들로 삼아서 만든 직사각형의 면적이 40이 되도록 하라. 요컨대 합이 10이고 곱이 40인 두 수를 구하라.'

겉보기에 미심쩍은 구석이 전혀 없는 문제로 느껴진다. 『위대한 기술』을 읽는 사람들은 이런 문제를 벌써 수백 번 보았으므로 그저 따분한 미소를 지을 따름이었다. 누구나 속으로 이렇게 생각했다. "당연해. 미지수가 두 개, 조건이 두 개니까, 당연히 문제를 풀 수 있어. 혹시 해를 직접 구할 수 없더라도, 방정식을 두 개 세워서 풀면 돼."

그러나 그렇게 쉬운 문제라면, 카르다노는 카르다노가 아닐 것이다. 놀랍게도 그는 $(5+\sqrt{-15})$와 $(5-\sqrt{-15})$를 해로 제시한다.

이게 뭐지? 독자는 거의 모든 것을 이해할 수 있다. 숫자들, 플러스와 마이너스, 제곱근 기호. 그러나 -15의 제곱근? 음수의 제곱근이라고? 그런 것은 존재할 수 없다. $\sqrt{-15}$는 제곱하면 -15가 되는 그런 수일 터이다. 그러나 제곱은 항상 양수다!

이 희한한 유형의 수들이 역사 속에서 얻은 다양한 이름은 그것들의 존재에 대한 이 같은 회의를 뚜렷이 반영한다. 이 수들을 명명한 최초의 인물은 카르다노였다. 그는 그것들을 "궤변적인 수"라고 불렀다.

하지만 카르다노는 모범적인 길을 간다. 그는 음수의 제곱근이 존재하는가를 따지는 대신에 음수의 제곱근을 가지고 계산한다. 작심하고 존재론을 외면하고 계산을 이어간다.

위에 제시한 충격적인 두 수의 합은 얼마일까?

$$(5+\sqrt{-15})+(5-\sqrt{-15})=5+5+\sqrt{-15}-\sqrt{-15}$$

보다시피 $\sqrt{-15}$ 에 한번은 플러스 기호가 붙어 있고 또 한번은 마이너스 기호가 붙어 있다. 따라서 두 개의 $\sqrt{-15}$ 가 상쇄되어야 한다. 따라서 결과는, 문제가 바란 대로, 10이다.

두 수의 곱은 얼마일까? 이번에도 우리(혹은 카르다노)는 $\sqrt{-15}$ 를 계산에서 사용할 수 있는 수처럼 취급한다.

$$(5+\sqrt{-15})(5-\sqrt{-15})=5^2-(\sqrt{-15})^2=25-(-15)=40$$

문제가 요구한 결과가 그대로 나왔다.

훗날 "허수imaginary number"로 명명된 이 희한한 유형의 수를 사람들이 사용하게 된 또 하나의 계기는 3차 방정식에 대한 연구였다. 3차 방정식의 해법은 이미 니콜로 타르탈리아(1499/1500-1557)에 의해 발견되었는데, 카르다노는 그 해법을『위대한 기술』에서 발표했다. 그 해법을 담은 공식은 이차방정식의 일반해 공식과 유사하지만 훨씬 더 복잡하다. 거듭제곱근이 하나가 아니라 4개나 등장하며, 그중 두 개는 심지어 세제곱근이다.

그 후 수학자 라파엘 봄벨리(1526-1572)는 다음과 같은 사실을 깨닫는다. 일부 3차 방정식들, 예컨대 $x^3-6x+4=0$은 두 가지 방식으로 풀 수 있다. 눈치가 빠른 사람이라면 해가 2라는 것을 "알아챌" 수 있다. 왜냐하면 실제로 $2^3-6\cdot2+4=8-12+4=0$이니까 말이다. 하지만 융통성이 없는 사람은 3차 방정식의 일반해 공식을 사용하여 차근차근 계산해야 한다. 계산해보면, 음수의 제곱근들이 튀어나오는데, 놀랍게도 그것들은 다시 소거되고, 최종 결과로 2가 나온다.

이로써 적어도 허수가 반드시 모순을 일으키지는 않는다는 것이 입증되었다.

프랑스 수학자 알베르 지라르(1595-1632)는 1629년에 새로운 관점을 도입했다. n차 방정식이 최대 n개의 해를 가질 수 있다는 사실은 경험을 통해 널리 알려져 있었다. 물론 르네 데카르트가 1637년에야 비로소 이 사실을 주목했지만 말이다. 한마디 보태면, 데카르트는 이 사실에 관한 연구의 맥락에서 음수의 제곱근을 가리키는 명칭으로 "허수"를 도입했다. 지라르는 모든 n차 방정식은 정확히 n개의 해를 가진다는 추측을 최초로 제시했다. 이 추측이 옳을 가능성이 있으려면, 허수를 허용해야 한다. 그러지 않으면, 이 추측은 2차 방정식에 대해서도 거짓이다.

이후 몇 세기에 걸쳐 수학자들은 허수에 다가가고 친숙해지려 애썼다. 고트프리트 빌헬름 라이프니츠(1646-1716)는 허수를 가지고 하는 계산을 탁월한 솜씨로 해냈다. 하지만 그는 경외심을 품고 허수를 "신적인 정신의 교묘하고 경이로운 도피처, 존재와 비존재 사이의 양서류라고 할 만한 것"이라고 칭했다.

레온하르트 오일러는 복소수[◆]를 향해 큰 걸음을 내디뎠다. 그는 $\sqrt{-1}$을 가리키는 기호 i를 도입하고 당연히 계산에 사용했다. 그 사용 방법의 핵심은 필요하면 언제든지 i^2을 -1로 바꾸는 것이었다. 그러나 i 곧 $\sqrt{-1}$이 과연 "무엇인지"는 오일러도 모른다. 1770년에 그는 "본성상 불가능하지만 단지 상상 속에만 있다는 의미로 통상 허구의 수 또는 상상의 수로 불리는 수들"을 언급한다.

허수의 존재를 설득력 있게 보여준 인물은 덴마크 수학자 카스파르 베셀(1745-1818)이었다. 1796년에 발표된 베셀의 대단한 아이디어는 기하학을 이용하여 복소수를 정당화한다는 것이었다. 그는 이렇게 생각했다. '실수를 수(數)직선상의 점으로 표현할 수 있는 것과 마찬가지로, 복소수를 수(數)평면상의 점으로 간주할 수 있다.'

더 정확히 설명하면 이러하다. "실수축"(x축)에서의 단위 1을 도입하고, "허수축"(y축)에서의 단위 곧 "허수 단위" i를 도입한다.

◆ 실수와 허수의 합으로 이루어지는 수.

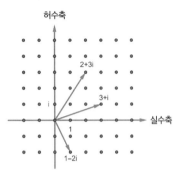

그러면 모든 복소수를 a+bi로 표기할 수 있다. 바꿔 말해 1과 i를 조합하여 만들어낼 수 있다. 복소수 a+bi는 "실수부" a와 "허수부" b를 가진, 평면상의 점으로 간주할 수도 있고 원점에서 그 점으로 뻗은 화살표로 간주할 수도 있다.

이 기하학적 표현의 설득력은 복소수들을 "볼" 수 있게 해줄 뿐 아니라 복소수들을 가지고 계산할 수 있게 해준다는 것에서 나온다. 두 복소수의 덧셈은 간단하다. 예컨대 $(1-2i)+(2+3i)=(1+2)+(-2+3)i=3+i$다. 첫째 화살표에 둘째 화살표를 붙이면 결과가 나온다.

곱셈은 좀 더 복잡하지만 역시 기하학적으로 매우 아름답다. 우선 임의의 복소수에 허수 단위 i를 곱하는 것을 생각해보자. $(3+2i)\cdot i$는 얼마일까? 계산해보면 $(3+2i)\cdot i=3i+2i\cdot i=3i-2=-2+3i$다.

이 곱셈을 기하학적으로 고찰하면, 3+2i로 뻗은 화살표가 이 곱셈을 통해 정확히 90도 회전함을 알 수 있다. 요컨대 i 곱하기는 항

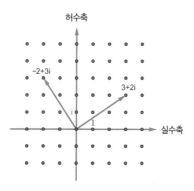

상 90도 회전하기다.

일반적으로 두 복소수의 곱셈은 이렇게 이루어진다. 먼저 두 복소수에 해당하는 두 화살표가 실수축과 이룬 각을 주목해야 한다. 그 각들은 더하면 곱셈 결과에 해당하는 화살표의 방향이 나온다. 그 화살표의 길이는 곱셈되는 복소수들에 해당하는 화살표들의 길이들을 곱해서 얻는다.

카를 프리드리히 가우스는 1831년에 이에 관한 논문을 발표하여 a+bi의 형태를 띤 "복소수"의 개념을 도입했다. 가우스의 권위는 복소수 평면(복소평면)의 사용이 점차 보편화되는 것에 적잖이 기여했다.

가우스는 허수의 사용이 꺼림칙하게 느껴지는 것을—어쩌면 약간 편파적으로—그 수의 명칭 탓으로 돌린다. 중립적인 명칭을 선택했더라면, 어떤 어려움도 생겨나지 않았을 것이라고 그는 생각한다. 1831년 논문에서 가우스는 이렇게 쓴다. "이제껏 사람들이 이 대상을 그릇된 관점에서 고찰하고 이 대상에서 불가사의한 불명확성을 발견했다면, 그 원인의 대부분은 적절성이 떨어지는 명칭에 있다. +1, −1, $\sqrt{-1}$ 을 양수 단위, 음수 단위, 허수(혹은 불가능한 수) 단위로 명명하는 대신에 이를테면 순(順)수direct number 단위, 역수inverse number 단위, 측(側)수lateral number 단위로 명명했더라면, 그런 불명확성은 거의 거론될 수 없었을 것이다."

오늘날의 관점에서는 이렇게 단언할 수 있다. 허수와 복소수는 실수, 유리수, 자연수에 못지않게 실재한다. 실은 다음과 같이 반대로 말하는 것이 수의 본질에 더 적합하다. '자연수, 유리수, 실수는 음수의 제곱근과 마찬가지로 "허구적이다." 즉, "상상된" 것이며 "생각된" 것이다. 한마디로 수는 "인간의 작품"이다. 수학자 리하르트 데데킨트가 1888년에 저서 『수란 무엇이며 무엇이어야 하는가?Was sind und was sollen Zahlen?』에서 말한 대로, "수[모든 수]는 인간 정신의 자유로운 창조물"이다.

~~~~~~~~~~~~~

스위스 수학자 레온하르트 오일러는 그의 이름을 따서 명명된 "오일러 공식Euler's formula"을 1748년에 발견했다. 이 공식은 크기가 φ인 각에 관한 것이다. 그 각을 복소평면상의 화살표로 상상해보자. 그 화살표는 길이가 1이며, 실수축과 그 화살표 사이의 각은 φ다.

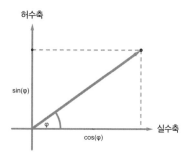

그 화살표가 실수축에 드리운 그림자의 길이는 $\cos(\varphi)$("코사인 φ"), 허수축에 드리운 그림자의 길이는 $\sin(\varphi)$("사인 φ")다. 따라서 그 그림자를 $\cos(\varphi)+i\cdot\sin(\varphi)$로 기술할 수 있다. 그런데 오일러는 이 식을 $e^{i\varphi}$로 적을 수도 있음을 발견했다. 바꿔 말해 아래와 같은 오일러 공식을 발견했다. 이때 e는 오일러수, i는 허수 단위다.

$$e^{i\varphi}=\cos(\varphi)+i\cdot\sin(\varphi)$$

이 공식을 보면, 우변은 이해하기 쉽고, 좌변은 계산하기 쉽다. 세상에서 가장 유명한 등식 중 하나인 오일러 항등식은 오일러 공식의 특수한 사례다. 구체적으로, 오일러 공식에서 각을 "완전히 펴면", 바꿔 말해 각을 180도로 정하면, 오일러 항등식이 나온다. 이 경우에는 등식의 우변도 쉽게 계산할 수 있다. 우변의 허수부는 0, 실수부는 -1이다. 따라서 우변은 달랑 -1만 남는다.

오일러 공식에서는 도 단위로 측정한 각이 아니라 "원주각"을 사용해야 한다. 즉, 180도를 π로 적어야 한다. 따라서 오일러 항등식의 좌변은 $e^{i\pi}$이며, 그 항등식 전체는 $e^{i\pi}=-1$, 살짝 변형하면 $e^{i\pi}+1=0$이다.

수학자들은 이 등식을 가장 아름다운 공식으로 선정했다. 왜냐하면 이 등식은 가장 중요한 수 다섯 개를 매우 단순한 방식으로 연결하기 때문이다. 그 수들은 $e, i, \pi, 1$ 그리고 0이다.

모든 것보다 더 큰

인류는 수천 년 전부터 대상이 몇 개인지 세기 위해 수를 사용해 왔다. 처음에는 작은 수들만 필요했지만, 시간이 지나면서 점점 더 큰 수가 필요하게 되었다. 인간이 설정하는 모든 한계는 머지않아 어김없이 극복되었다. 그리하여 수들이 끝없이 이어질 수 있다는 생각, 적어도 수들의 계열이 종결되는 일은 결코 없다는 생각이 자연스럽게 등장했다.

대상들을 세는 활동을 통해 자연수 0, 1, 2, 3,…이 발생한다. 이 수들은 대상의 개수를 세는 자연스러운 활동과 결부되어 있으므로, "자연수"라는 명칭은 적절하다. 그리고 적어도 오늘날의 사람들은 자연수를 생각할 때 방금 3과 쉼표 다음에 찍은 점 세 개를 항상 함께 생각하며, 자연수들이 끝없이 이어진다고 확신한다.

한결같이 진행하는 과정들을 경험하면, 자연수들이 끝없이 이어진다는 믿음이 강해진다. 예컨대 하루가 지나면 또 하루가 오는 것, 한 해가 지나면 또 한 해가 오는 것, 혹은 우리 자신의 심장이 계속 뛰는 것을 경험하면, 이런 과정들이 영원히 계속될 수도 있겠다는 생각이 든다. 요컨대 우리는 무한히 많은 자연수가 있다고 믿는다.

무한을 나타내는 기호는 누워 있는 8자를 닮은 ∞다. 이 기호는 1655년에 영국 수학자 존 월리스에 의해 "무한히 큰 수"를 나타내는 기호로 도입되었다. 그러나 도입자의 의도와 달리, 오늘날 이 기호는 '어떤 수열이 계속 진행하면서 모든 한계를 뛰어넘는다'는 사실을 뜻한다. 무한은 수가 아니다. '무한'은 무언가가 무한정 클 수 있음을 뜻하는 표현일 따름이다. 자연수들의 수열 1, 2, 3,…은 ∞에서 끝나지 않는다. 이 수열은 아무리 큰 자연수에 이르더라도 끝나지 않으며 미리 설정한 모든 한계를 뛰어넘기를 한없이 반복한다.

수학자들은 무한을 잘 다루는 법을 여러 세기에 걸쳐 터득했다. 좋은 방법은 무한을 피하는 것, 더 정확히 말하면, 오로지 유한한 도구들만 사용함으로써 무한을 간접적으로만 다루는 것이다. 위대한 수학자 카를 프리드리히 가우스는 당대 수학자들의 태도를 이렇게 요약했다. "무한은 상투어일 뿐이다. 무한을 거론할 때 사람들이 실제로 말하는 바는, 다른 비율들이 무한정 커지는 것을 허용하면 특정 비율이 어떤 한계에 얼마든지 가깝게 접근한다는 것이다."

이 발언이 나오고 얼마 지나지 않은 1873년 12월, 무한에 대한 이 같은 관점이 흔들리기 시작했다. 무한의 세계에서 혁명이 일어난 것이다. 그 혁명을 촉발하고 실행했다고 평가받는 수학자 게오르크 칸토어(1845-1918)는 1873년 11월 29일에 동료 수학자 리하르트 데데킨트(1831-1916)에게 편지를 썼다. 그 편지에서 그는, 자연수 집합과 실수 집합 사이에 일대일 대응이 존재하는가, 라는 질문을 제기했다. 실수란 소수점이 붙은 수다. 소수점 아래에 유한히 많은 숫자들이 있을 수도 있고 무한히 많은 숫자들이 있을 수도 있으며, 후자의 경우에 그 숫자들이 순환적으로 배열되어 있을 수도 있고 그렇지 않을 수도 있다. 칸토어가 제기한 질문의 요점은, 자연수의 집합이 모든 무한을 대표할 수 있는가, 라는 문제였다. 적어도 칸토어는 이 문제에 강렬한 호기심을 느꼈다. 왜냐하면 이 문제는 무한에 대한 이해의 뿌리를 건드리기 때문이었다. 무한의 개념 자체를 이 문제를 통해 비로소 확립할 필요가 있었다. 그러나 이 문제는 편지에서 명시적으로 언급되지 않았다.

무한이라는 주제에 대해서는 여러 세기에 걸쳐 수많은 질문이 제기되었다. 무한이 존재할까? 인간이 무한을 알 수 있을까? 무한은 신의 몫일까? 등등. 그러나―무한이 존재한다면―오로지 하나의 무한만 존재한다는 것에 대해서는 전혀 의문이 제기되지 않았다. "무한"은 "절대 단수" 명사, 오로지 단수형만 있는 명사였다.

방금 언급한 질문을 제기하고 나서 여드레밖에 지나지 않은 1873년 12월 7일에 칸토어는 자신의 대답을 제시할 수 있었다. 데데킨트에게 쓴 또 다른 편지에서 그는 0과 1 사이의 실수들과 자연수들을 일대일로 대응시킬 수 없음을 증명했다.

이것은 혁명적인 전환이었다. 왜냐하면 칸토어의 대답은, 크기가 다양한 무한들이 존재함을 의미했기 때문이다. 실수들의 무한은 자연수들의 무한보다 더 큰 무한이다. 사람들은 실수들의 무한을 "셀 수 없는uncountable" 무한이라고 부른다. 더 나중에 칸토어는 무한들의 무한한 위계를 발견했다.

이제 무한은 하나가 아니라 여럿이다. 심지어 칸토어의 연구 결과들에 따르면, 무한을 논리적으로 일관되게 생각하려면 다양한 크기의 무한들을 생각해야만 한다. 무한은 존재하지 않든지(이것도 열려 있는 가능성이다), 아니면 무한히 많은 무한들이 존재하든지, 둘 중 하나다. 이런 의미에서 "무한"은 "절대 복수" 명사, 오직 복수형으로 사용할 때만 유의미한 명사다.

~~~~~~~~~~

무한을 가지고 계산을 할 수 있을까? 예컨대 $\infty + 1 = \infty$은 옳은 계산이냐고 물을 수 있을까? 이 등식이 옳은지 여부는 이 등식을 어떻게 해석하느냐에 달려 있다. 문제는 무한히 많은 무한들이 존재한다는 점이다. 좌변의 ∞ 기호는 자연수들의 무한을 가리키고,

우변의 ∞ 기호는 실수들의 무한을 가리킨다면, 위 등식은 옳지 않다. 반면에 양변의 ∞ 기호가 동일한 무한을 가리킨다면, 위 등식은 옳다.

이를 이해하기 위해 우선 "가장 작은" 무한, 곧 자연수들의 무한을 더 자세히 살펴보자. 자연수 집합과 "대등한equipotent" 집합들은 많다(두 집합이 대등하다고 함은 두 집합 사이에 일대일 대응이 존재한다는 것이다). 예컨대 짝수 집합, 정수 집합, 분수 집합이 그런 집합이다. 이 집합들의 원소들은 일목요연하게 나열할 수 있다. 구체적으로 짝수들은 2, 4, 6,…으로 나열하고, 정수들은 0, 1, -1, 2, -2, 3, -3,…으로 나열하고, 양의 분수들은 분자+분모의 크기에 따라 1/1, 1/2, 2/1, 1/3, 3/1, 1/4, 2/3, 3/2, 4/1, 1/5,…로 나열할 수 있다. 바꿔 말해 이 집합들은 "셀 수 있는" 집합이다. 즉, 기수cardinal number◆가 모두 $\aleph_0$("알레프 제로")다.

이제 $\aleph_0 + 1$의 의미를 정확히 말할 수 있다. 이 덧셈의 결과는, 셀 수 있는 집합에 원소 하나를 추가했을 때 그 집합의 기수다. 이 덧셈의 결과를 묻는 것은 이를테면 자연수 집합에 수 -1을 추가했을 때 집합의 기수가 어떻게 되느냐고 묻는 것과 같다. 자연수에 -1을 추가한 집합도 일목요연하게(-1, 0, 1, 2, 3,…으로) 나열할 수 있으므로, 이 집합도 셀 수 있는 집합이며 따라서 $\aleph_0$를 기수로 가진다. 수식으로 표현하면, $\aleph_0 + 1 = \aleph_0$다. 마찬가지로 $\aleph_0 + 2 = \aleph_0$,

◆ 집합의 크기를 알려주는 수.

$\aleph_0+1{,}000=\aleph_0$, $\aleph_0-1=\aleph_0$ 등도 성립한다.

덧셈 $\aleph_0+\aleph_0$도 해석할 수 있다. 이 덧셈의 결과는 셀 수 있는 집합 두 개를(이를테면 자연수 집합과 음수 집합을) 합쳐서 만든 집합의 기수다. 방금 정수 집합에서 보았듯이, 이 집합도 셀 수 있는 집합이다. 따라서 $\aleph_0+\aleph_0=\aleph_0$도 성립한다. 마지막으로 $\aleph_0\cdot\aleph_0$도 정의할 수 있다. 이 곱셈의 결과는, 셀 수 있는 집합의 원소 두 개를 성분으로 가진 모든 순서쌍의 집합의 기수다. 예컨대 자연수 a와 b로 이루어진 모든 순서쌍 (a, b)의 집합을 생각할 수 있다. 분수 집합이 셀 수 있는 집합임을 보여줄 때와 유사한 방법으로 이 순서쌍 집합이 셀 수 있는 집합이라는 것도 보여줄 수 있다. 따라서 $\aleph_0\cdot\aleph_0=\aleph_0$이 성립한다.

이런 "초한 산술transfinite arithmetic"의 계산 규칙들은 대체로 자연수 계산 규칙들보다 훨씬 더 간단하다. 계산식 안에 기호 $\aleph_0$와 자연수들만 들어 있고 이것들이 덧셈과 곱셈으로 연결되어 있다면, 계산 결과는 무조건 $\aleph_0$다.

그러나 자연수 산술의 규칙을 섣불리 적용하면 안 된다는 점을 유념하라. 등식 $\aleph_0+\aleph_0=\aleph_0$의 양변에서 무턱대고 $\aleph_0$를 빼면 안 된다. 그러면 $\aleph_0=0$이라는 그릇된 결과가 나온다.

칸토어는 당연히 $\aleph_0$에 대한 계산 규칙들에 머물지 않았다. 그는 기수 $\aleph_1$, $\aleph_2$, $\aleph_3$,… 에 대해서도 유사한 계산 규칙들을 증명했다.

그림 출처

- 페이지 17, 110 : Albrecht Beutelspacher, Wie man in eine Seifenblase schlüpft. Die Welt der Mathematik in 100 Experimenten, München 2015, Foto: Rolf K. Wengst
- 페이지 60, 130 : ⓒ akg-images/Mondadori Portfolio/Veneranda Biblioteca Ambrosiana
- 페이지 65, 209 : Albrecht Beutelspacher, Wie man in eine Seifenblase schlüpft. Die Welt der Mathematik in 100 Experimenten, München 2015, Grafiken: Marc-A. Zschiegner
- 페이지 91 : http://openclipart.org/media/files/flomar/6069
- 나머지 그림들은 저자가 제작했음.

옮긴이 전대호

서울대학교 물리학과를 졸업하고 동 대학원 철학과에서 석사학위를 받은 후, 독일학술교류처 장학금으로 라인강가의 쾰른에서 주로 헤겔 철학을 공부했다. 1993년 조선일보 신춘문예 시로 당선, 등단했다. 독일로 떠나기 전 첫 시집 『가끔 중세를 꿈꾼다』(민음사 1995)와 둘째 시집 『성찰』(민음사 1997)을 냈다. 귀국 후 과학 및 철학 전문번역가로 정착해 『위대한 설계』, 『로지코믹스』, 『인간의 종말』를 비롯해 100권이 넘는 번역서를 냈다. 철학 저서로 『철학은 뿔이다』와 『정신현상학 강독 1』, 『정신현상학 강독 2』 등도 있다.

경이로운 수 이야기 영, 무한, 공포의 13

초판 1쇄 발행 2022년 3월 18일

초판 2쇄 발행 2023년 4월 15일

지은이 알브레히트 보이텔슈파허 | 옮긴이 전대호 | 펴낸곳 해리북스 | 발행인 안성열

출판등록 2018년 12월 27일 제406-2018-000156호

주소 경기도 고양시 일산동구 정발산로 24 웨스턴돔2 T-3 815호

전자우편 aisms69@gmail.com | 전화 031-901-9619 팩스 031-901-9620

ISBN 979-11-91689-06-8 03410